网络法律话语经典译丛

丛书总主编：程乐　王春晖　时建中　张延川

跨大西洋
数据保护实践

[瑞士] 罗尔夫·H.韦伯　　　[瑞士] 多米尼克·N.斯戴格尔/著

程乐　康俊　宫明玉　裴佳敏/译

TRANSATLANTIC
DATA PROTECTION
IN PRACTICE

Rolf H. Weber　Dominic N. Staiger

中国民主法制出版社
全国百佳图书出版单位

图书在版编目（CIP）数据

跨大西洋数据保护实践/（瑞士）罗尔夫·H. 韦伯
（Rolf H. Weber）等著；程乐等译. —北京：中国民
主法制出版社，2020. 1
（网络法律话语经典译丛）
ISBN 978-7-5162-2157-0

Ⅰ. ①跨…　Ⅱ. ①罗…　②程…　Ⅲ. ①数据保护
Ⅳ. ①TP309. 2

中国版本图书馆 CIP 数据核字（2019）第 281301 号

图书出品人：刘海涛
出 版 统 筹：乔先彪
责 任 编 辑：逯卫光　庞贺鑫

书名/跨大西洋数据保护实践
KUA DA XI YANG SHU JU BAO HU SHI JIAN
作者/[瑞士] 罗尔夫·H. 韦伯（Rolf H. Weber）等　著
　　　程　乐　康　俊　宫明玉　裴佳敏　译

出版·发行/中国民主法制出版社
地址/北京市丰台区玉林里 7 号（100069）
电话/63055259（总编室）63057714（发行部）
传真/63056975　63056983
http：//www. npcpub. com
E-mail：mzfz@ npcpub. com
经销/新华书店
开本/16 开　880 毫米×1230 毫米
印张/9　字数/131 千字
版本/2020 年 1 月第 1 版　2020 年 1 月第 1 次印刷
版权登记号：图字 01—2019—7918
印刷/北京天宇万达印刷有限公司

书号/ISBN 978-7-5162-2157-0
定价/35. 00 元

"网络法律话语经典译丛"编委会名单

前言与致谢

　　信息技术和通信工具从根本上改变了人类的互动方式以及企业运营的模式。挑战也随之而来,这包括机器可以自动处理数据,人工智能和群体智能可以对大量的数据进行分析,从而得出结论。

　　全球数据流辗转于不同国家的法律框架体系下。尽管从技术上来说信息交换是可行的,但是法律兼容性缺失导致信息交换环境割裂,进而导致信息交换失败。信息评估与数据保护法领域密切相关。欧盟和美国之间不同的数据隐私规则已然触发了多次政治法律辩论。

　　本书将分析数据保护的潜在冲突给企业带来的风险,其中包括美国云提供商对所适用的数据保护规则的不确定性的应对方式。此外,本书从企业现有的数据保护视角出发,针对因对数据处理结果认识不全面所引发的风险和局限性,提出应对方案与解决建议。

　　数据保护立法依赖于对美国云提供商进行的实证调查。2016 年 7 月和 8 月,我们在加利福尼亚州进行了开放式定性访谈,访谈内容包括介绍性内容以及基于访谈对象经验而展开的数据保护和数据安全访谈。本书所采用的实证研究与规范研究相结合的方法,为数据隐私法适用的困境提供新见解。

　　作者在此感谢苏黎世大学法学院信息技术、社会和法律中心的博士后研究助理邦妮凌(Bonny Ling)博士对本书手稿的审阅。同时感谢苏黎世大学学术研究基金(Stiftung für wissenschaftliche Forschung an der Universität Zürich)的资助,使得该项研究成为可能。

罗尔夫·H. 韦伯(Rolf H. Weber)

多米尼克·N. 斯戴格尔(Dominic N. Staiger)

苏黎世,2017 年 2 月

目 录
CONTENTS

第一章
引 言

第一节　跨大西洋隐私挑战

信息技术(Information Technology,IT)和通信工具已经彻底改变了人类在过去十年中的生产经营及互动方式。过去被视为私密的信息如今却在社交网站上公开分享,全世界的人们每天都在分享琐碎的事情。鉴于这些变化,世界各地的监管机构必须回过头来审视一下,想想现如今关于数据和隐私保护以及个人权利的法律框架是否能应对将要到来的新挑战。这些挑战包括自动化处理和机器间的交流,所谓的物联网(Internet of Things,IoT)设备以及人工智能(Artificial Intelligence,AI)和群体智能。这些工具可以分析有关人类个体核心的各种数据,并从中得出结论。[①]

尤其是,基于云计算系统的大数据技术的兴起,使得技术在数据及个人隐私保护方面所扮演的角色发生重大变化,即技术会削弱数据及个人隐私保护。大数据是指大量非结构化数据处理。[②] 大数据的核心能力在于识别以前无法识别的模式和相关性。因为在过去,要么无法获得数据,要么处理数据的成本太高,而在今天,人们凭借云计算和其他降低成本的措施,使得处理这种数据的成本大大降低。

数据增长的速度已经使大数据成为必需,以便处理每天创建的数量庞大的非结构化数据,并从中获取价值。非结构化数据得以让不同类型的数据相互组合,进而促进大型企业能够提高服务质量、提升产品效率。[③] 新的软件技术可以用来处理所谓的"噪声数据"。"噪声数据"来自于大量的可用数据,尽管这不是绝对精确数据,但可以用来进一步细化结果。

[①]　详见 Stanford University 出版社出版的 Peter Stone and others, Artificial Intelligence and Life in 2030。

[②]　Wespi, 4.

[③]　详见 Manyika and others, An Attack Surface Metric。

如何就数据的分析与运用达成一致是另一个备受关注的问题。这包括数据静止，即数据存储，或者数据传送，即数据从数据源传输到存储介质并在此传输过程中进行即时解释。大数据的优势在于它能够将特定任务分解为可以独立执行的较小任务，随后将这些较小任务的结果加以整合，以获得最终结果。

数据保护的关键问题在于数据处理会导致数据主体可识别[①]。这种情况会发生在执行单个任务时，也会出现在统筹处理所有任务结果时。有时候，最终的结论会过于笼统，而不能产生可识别性，因为它只允许识别与其他数据相结合的个体。因此，数据保护法适用的情况可能会根据处理操作的确切性质不同而不同。

本书将介绍欧盟和美国的数据保护框架和当前监管趋势。这样做可以识别出因隐私观点冲突而产生的问题。本书根据企业面临的风险以及美国云提供商对其不确定性的反应方式，对隐私保护冲突进行进一步分析。此外，本研究将为解决隐私保护面临的实际挑战及局限性提供建议。造成大多数挑战的原因在于缺乏理解数据保护的法律框架以及企业内部处理操作的确切性质。因此，应该采取的第一个措施是考虑个体业务特征的基本意识培训。

美国企业要面对欧盟数据保护法律的一系列挑战。这些挑战因企业经营类型和经营性质各有不同。但是，遵守欧盟法律势必会增加这些企业的成本，这就是为什么他们需要对其充分评估，以便为个体业务运营找到最具成本效益的解决方案。这需要详细评估正在进行的个体数据处理以及任何分包商所执行任务的性质。[②] 欧盟《通用数据保护条例》(General Data Protection Regulation, GDPR)适用地域范围广泛，这就要求美国企业重新考虑数据保护问题。因为美国企业也向欧盟客户提供服务并收集他们的数据，所以新的欧盟规则将适用于这些美国企业。

当今数据处理大多以基本的云技术为基础，增加了数据保护的复杂性，这是由于数据通常由多个不同位置的处理器处理。[③] 此外，所有移动应用程序都以云系统为基础运行，该系统除了传送为提供服务而处理的数据之外，

---

① 欧盟《通用数据保护条例》第 4 条。

② 在欧盟数据保护法规中，关于控制者和处理者的角色，详见 Blume, 293 et seq。

③ 关于云挑战的简介，详见 Weber and Staiger, Legal Challenges of Trans-border Data Flow in the Cloud, N 1 et seq。

还传送许多元数据和可识别数据。这通常包括直接的个人数据。21 世纪初,亚马逊公司提供了第一批云服务,这是由于圣诞节及其他特别假期是亚马逊公司处理必要数据的高峰期,而在其他时间则数据处理产能过剩。亚马逊公司通过提供云服务的方式发掘过剩产能的新用途,这为云技术的发展提供了助力。

第二节　云环境的特征

从技术和法律的角度来说,多层云环境提出了一系列特殊的挑战。此外,云还被用于许多新技术,包括大数据和 AI 处理。

一、综述

一般而言,云服务可以分为三个主要供应模型,它们包括"基础架构即服务"(Infrastructure as a Service,IaaS)、"平台即服务"(Platform as a Service,PaaS)和"软件即服务"(Software as a Service,SaaS)。IaaS 为数据的处理和存储提供硬件资源。PaaS 在 IaaS 上提供基础软件架构,并允许 SaaS 提供商安装和运行他们的软件包。

这些特点包括:[①]

第一,按需自助服务。消费者可以根据需要自动单方面规定计算容量,如计算服务器时间和网络存储空间,而无须与每个服务提供商进行人工交流。

第二,宽带网络访问。云容量可由互联网获取,可通过性质不同的瘦客户端(thin client)或胖客户端(thick client)平台(如移动电话、平板电脑、笔记本电脑及工作站)所使用的标准机制进行访问。

第三,资源共用。提供商的计算资源可以采用多租户模型,根据消费者的需求机动分配及再分配不同的物理和虚拟资源,为多个消费者服务。这种服务似乎脱离了地域的限制,因为客户通常对所提供资源的确切位置无从知晓,只可能了解所提供资源的大致位置(如国家、州或数据中心)。这类资源包括存储、处理、存储器及网络宽带。

第四,快速弹性。云容量可以根据需求,迅速响应,弹性地自动配置及释

---

① National Institute of Standards and Technology, 5.

放。对于客户而言,可使用的设置容量通常是无限的,并且可以随时使用。

第五,量化服务。云系统根据服务类型(如存储、处理、宽带及活动用户账户),调节计量能力,从而自动控制,优化资源。监控、控制及报告云资源使用情况,可为提供商和使用服务的客户提供透明性。

云计算的基本要件是宽带、硬件价格及电源。电力成本是云提供商在建立云基础设施时考虑的主要因素。欧盟是全球电价最高的地区,这就是为什么许多云服务器中心设在美国或其他非欧盟国家。[①] 即使在美国,电价也是云提供商实施决策的主要因素。部分州之间的电价可能相差一半以上。云提供商的定价也反映了电价的差异。[②] 在欧洲,荷兰、挪威和瑞典的电价较低,这是刺激 IaaS 提供商在这些国家建立云服务的一个重要因素,亚马逊也在这些国家建立云服务器中心,或计划将其扩展为运营地点。

对于大多数企业而言,将数据移入云中会带来技术挑战,如将数据从用于内部 IT 系统的专有格式转换为云中的开放格式。云提供商提供的技术支持对于广泛接受该技术至关重要。

云计算仍然是一个多元化的业务领域,因为各种云客户所需的服务差异很大。例如,YouTube 等视频网站的兴起为云系统带来了挑战,云系统必须能处理全球范围内的大量视频数据传输。随着云计算的发展,硬件系统的基础软件不断变化,以提高效率,降低成本。[③]

在评估任何云场景的合规性之前,深入了解云服务及所有辅助服务至关重要。必须确定谁是服务的最终用户以及服务最终被用于何种目的。在多层云场景中,IaaS 提供商无法作出这样的判断。而 SaaS 提供商通常能够作出这种区分,因为它是服务到达最终用户之前的最后一个云提供商。因此,云服务越接近终端用户,云提供商的合规负担就越高,云场景合规性也越复杂。

云计算的固有风险可以分为外包化、集中化、国际化及系统复杂化四种风险。[④] 为了降低这些风险,需要监管和技术两方面的解决方案。这些解决方案包括:

---

① Barroso,Clidaras and Hölzle, 12.

② 例如,在弗吉尼亚州和俄勒冈州亚马逊的云服务比在加利福尼亚州便宜得多。详见 Amazon Web Services Inc. ,'Amazon EC2 Pricing'(2016)https://goo. gl/mIACqH。此外,还可能有其他因素影响数据中心(详见 Tim Caulfield)。

③ Barroso, Clidaras and Hölzle, 16.

④ Gasser, Cloud Innovation and the Law: Issues, Approaches, and Interplay, 15.

第一，通过立法进行直接干预，如欧盟《通用数据保护条例》。

第二，联合立法，包括政府、行业代表和其他利益相关者，一起行动应对新技术带来的挑战。

第三，自我监管，该方法使行业自行建立如标准合同条款等框架。这种方法是非正式的，可以快速适应市场变化，但它也会受到市场力量的强烈影响。

所有策略都有其优势，部分策略可以应对市场不确定性，而其他策略则为云计算发展奠定了坚实的基础。[①]

二、云治理方法

从治理的角度来看，以下四个特征影响云计算的规制：

第一，规范的多样性。从国家政府机构到具有正式规则制定能力的超国家机构，多个国家级立法者参与制定了一系列（部分重叠或以其他方式相互作用）的规范，旨在规范云计算现象。在这一方面，美国尤其如此，缺乏统一的立法和规范。

第二，控制机制的多样性。除了传统的层级控制机制外，云计算立法及监管还包括其他控制模式，如市场监管、社会规范及设计要求。

第三，控制者的多样性。在云监管的背景下，尽管传统国家监管机构，如政府机构或法院继续发挥关键作用，但是其他的治理机构也有重要的管控职能，其中包括标准制定机构和行业协会。

第四，受控者的多样性。在云计算生态治理系统中，提供云服务的企业是关键的被监管者。但是，更广泛的云服务参与者也与治理工作相关，其中包括政府本身，特别是当政府本身就是云客户时。[②]

各种因素、利益和市场力量皆更广泛地影响着云计算的治理框架。数据保护法和安全规则是云环境的重要组成部分。大量利益集团参与到这些领域的发展中，扮演着相关角色，法律如何运作也与他们能否成功息息相关。例如，某些地区采取更高的安全及数据保护标准，而其他地区却不愿意采用，强烈反对采纳这些标准。

在监管新技术方面，监管机构通常有两种选择，要么他们能够将新技术纳入现有法律，要么他们必须制定新的立法。第一种方法难以实施，因为这

---

① 详见 Baldwin and Cave, 25 et seq.。

② Gasser, Cloud Innovation and the Law：Issues, Approaches, and Interplay, 13.

必须适用于与特定技术有关的现有的全部法律及所有合同。

合同是最具创新性的工具之一,合同既可以根据新技术进行调整,也可以根据不断变化的情况应对新风险,调整义务。合同的发展符合市场的发展及需求。而法律调整的速度则要慢得多。这种情形下,涌现了一些新案例,特别是涉及数据相关权利的案例。① 这些案例包括版权法以及搜索法,云端数据存储在不同的服务器上,并且可能储存于不同的管辖区域内,这些法律决定了云端搜索范围的边界。国际层面的法律适用也发挥着重要作用,尽管这在公众看来并非如此。

美国国会于2012年提出了《云计算法案》(Cloud Computing Act)②,该法案旨在处理与云计算相关的犯罪活动及损害赔偿。例如,访问云账户被视为攻击。此外,未经授权访问云账户将面临不低于500美元的罚款。这也是必要的,因为所获信息用途未知时,损失通常很难估计。③

立法者通过诸如《云计算法案》等立法程序直接干预市场,并不是最有效的解决方案。尽管如此,在部分情况下,其他方法不成功时仍然需要这种方法,尤其是在刑事制裁、处罚和损害赔偿方面。此外,处理操作的风险必须转移给控制数据的企业,而不是数据主体,因为数据主体几乎不享有对其个人数据进行处理的权利。④ 较为实际的做法是,通过如补贴或税收等政策对某些行为施加正面或负面的外部效应,并以此来影响市场。

三、云规制的政治背景

在分析各种类型的法规及其适用性时,往往没有充分考虑政治环境的巨大影响。对云计算这类复杂领域的规制需要权衡不同的政治目标,难免造成紧张的局面。例如,政府努力确保消费者信任新技术。否则,这项服务就不能推广开来,无法实现宏观经济收益。与此同时,法规应确保对消费者提供的服务是安全的,这便需要建立法律法规和管控机制的执行下限。⑤

---

① Hon, Millard, Walden, Negotiating Cloud Contracts: Looking at Clouds From Both Sides Now, 79 et seq.

② 《关于改进云计算和其他目的的刑法和民法执法的法案》,S. 3569, 112th Congress (2011—2012)。

③ 但是,该法迄今未能在国会通过(该法目前已通过,原著注释如此——译者注)。

④ Hoover, 255et seq.

⑤ 这种控制机制可以采取数据保护管理系统(Data Protection Management Systems)的形式,详见 Staiger and Weber, Datenschutz-Managementsysteme in der Cloud, 171 et seq.

政府的角色也是多方面的。一方面,他们是服务的监管者。另一方面,他们也是用户和客户。此外,由于政府一直试图将其监控能力扩展到云端,利益之间的各种竞争和冲突会极大影响数据保护法规。技术的流动性及界定技术的定义最终决定了技术的监管方式。通常而言,立法者在确定定义时会咨询技术标准制定机构,授权这些机构确定标准,进而影响监管程序。

很难评估云相关的法规及实践是否成功。这是由于评估首先需要在重要的测量因素方面达成一致意见,其次就选定的评估方法达成一致意见。那么把建立反馈环可作为第一步,这可以用来增进信息共享性。到目前为止,欧盟已经成功地收到了关于其法律和提案的诸多反馈意见。但是,现有法律修订周期过长,不适合当今现代技术的发展。例如,欧盟《数据保护指令》(Data Protection Directive,DPD)于 1995 年颁布,后续对该法律的几次修订已有约 17 年的历史。

第三节　隐私背景下技术与法律的作用

一、技术方案

云提供商必须向其云服务及云产品用户提供相关工具,以便让他们第一时间了解如何处理数据,并了解在什么情况下他们的数据会面临风险。学校教育和一般的认识提高宣传可以帮助用户掌握这些工具,这些活动包括对个人隐私威胁等问题。特别是一些刺激行为没有显著改变个人刺激机制,却旨在影响个人决策过程,这往往难以觉察,因而需要向客户明确指出这种风险。[1] 数据保护技术可用于增强线上媒体的个人隐私保护,这也会促使个人透露更多有关其自身及周围环境的信息。[2] 因此,在实施技术解决方案时需要考虑到这种冲突。

行为经济学已经成为一个核心研究领域,对数据保护立法也颇有影响,欧盟《通用数据保护条例》是首个受行为经济学影响的法律。这一新的欧盟数据保护法允许使用标准化的图标,用户能够快速确定处理操作的性质,明

---

① Thaler and Sunstein, 5.

② Balebako, Leon, Almuhimedi, Kelly, Mugan, Acquisti, Cranor, Sadeh, 2.

确个人信息的风险。① 与客户的互动,特别是当设备(物联网数据)正在生成数据时,将成为目前大数据和其他处理操作的核心挑战。

作为标准,隐私友好设置应该是任何系统的默认设置。目前,欧盟《通用数据保护条例》被列为"隐私默认"规则。② 这种规定符合个人保护其隐私的要求,即支持用户选择服务对其数据进行保护。③ 与业界的最佳实践相结合,这类规则可以平衡数据处理,兼顾服务提供商需求,保障客户隐私权。

学界最早尝试新的隐私保护方案始于哈佛大学工程学院研究标记个人数据概念,从而允许企业根据数据保护法处理数据。然而,对美国企业的访谈表明,数据的性质已不再那么重要,因为公司选择在通用框架下处理数据,以期符合相关管辖区的数据保护标准。

新的 SaaS 应用不断涌现,这些应用实现了欧盟《通用数据保护条例》规定的诸多功能。例如,有的应用可以通过网页界面提供程序合规手册。公司的合规主管可以登录系统,并确定想要处理的合规内容。而后,所选定的合规要求将显示在工作流程中,这可以使用户能够选择合适的内部人员,回答相关的合规问题。合规问题可以通过电子邮件推送给指定的人。接收问题人而后登录系统,根据自己满足合规性要求的信心程度来回答问题。之后,所有业务领域答案将进行汇编,该过程使合规主管能够完整地了解特定领域的整体合规情况。

根据这些信息,合规主管可以根据人力财力资源的优先次序清单,制订行动计划,提高薄弱领域的合规性。数据保护部门进行审查时,这种工具将成为第一道防线。这种工具能够使公司意识到潜在的数据保护问题,并制订行动计划或采取措施来纠正这些问题。

数字技术法规由多种形式构成,如云计算、大数据或物联网等。以往的监管手段主要在于对行为的约束。例如,软件约束被视为消费者行为的事前约束。④ 相反,如果合同法确实允许交易各方根据需求设定自己的要求和义务,那么法律就可以推动创新。同样的,知识保护和贸易保护也可在基本保护框架内发展。

法律的第三个职能是充当各种市场不平衡力量之间的调和者。例如,

---

① 欧盟《通用数据保护条例》第 12 条第 7 款。
② 欧盟《通用数据保护条例》第 23 条。
③ Thierer, 411.
④ Gasser, Cloud Innovation and the Law: Issues, Approaches, and Interplay, 6.

消费者保护法就是这种情况。因此,如果将诸如云计算或大数据这样的技术与法律相结合,就可以促进创新并实现经济增长。同时,隐私保护方面也有必要制定一些限制措施,如欧盟《通用数据保护条例》规定了处理个人数据的条款。最后,技术与不同形式的法律之间相互作用,影响了市场的发展,欧盟就是其中一例。在实践中,这种三层架构的隐私管理方法是非常普遍的。这是由于许多政策试图解决不同问题,而国家层面的能力分工使得它们需要区别对待不同的问题。

美国在隐私保护方面基本上是自我监管。在过去的几十年中,监管行动主要集中在大型企业行为不当或滥用数据上,其中针对受影响的特定行业制定了具体应对的措施(如针对财务会计领域的《萨班斯-奥克斯利法案》)。目前,美国出现了一种趋势,即要求企业根据其所收集的一般数据的合理的处理方式,来处理企业所收集的个人数据。①

二、法律法规的灵活性

法律是数据保护框架最重要的因素。然而,规范性秩序的首要问题在于新法制定往往非常缓慢,而技术变革却发展迅速。通常情况下,技术已经引入了新的解决方案,法律才作出部分相关规定。在数据保护领域,这种监管滞后性尤其明显。

法律通常被认为是行为的制约者,但法律也可以促进行为的发生。在技术快速变化的环境中,应将法律重点放在发挥功能上。因此,在旧规则中规定先进技术领域中出现的新问题似乎并不恰当(归纳法);此外,鉴于新现象的涌现,"更新"法律体系似乎更可取(渐进式创新法),或者甚至可以重新设计法律体系范式。换言之,应该制定新法律以完善法律体系。

然而,规制像数字隐私这种不确定的概念,可能是天方夜谭。科技及不断变化的人类行为已经极大影响了对隐私的认识。鉴于目前市场发展的情况,隐私需要不断进行重新评估。今天,年轻一代往往被认为没有理解隐私保护的基本原则。

但现实情况却并非如此。孩子们从小就了解数字媒体的使用,他们亲身体验了使用效果。因此,他们更加了解在线产生的信息或交流的渠道。尽管如此,美国和欧盟的法律已经认识到保护未成年人、删除未成年人发布

---

① 详见《美国白宫行政讨论草案:消费者隐私条例草案 2015 年权利法案》,第二节第 104 条第 1 项。Https://www. whitehouse. gov/sites/default/files/omb/legislative/letters/cpbr-act-of-2015-discussion-draft. pdf.

的数据的必要性。

任何新的监管措施必须适应变化的数字经济,这需要不断学习和适应以前不存在的情况。这既需要行业自我监管,也需要制定明确的规则,适应新技术的发展,将两种方法相融合,是十分必要的。鉴于隐私保护的复杂性,基于市场的方法是最有效的。尽管如此,为了防止大规模的市场失灵,监管行动也是必要的。监管手段应被视为一种补充手段,有效实现数据隐私保护。

为了能有效利用技术来降低美国和欧盟的合规成本,必须由国家监管机构发布指导意见,确保这些技术所需的法律确定性。在欧洲层面,欧洲数据保护委员会(European Data Protection Board,EDPB)提供指导意见,该委员会的任务是监管所有欧盟成员国的《通用数据保护条例》协调实施情况。① 这种方法需要与整个行业、新兴企业进行早期互动,以便能够有效针对商业现象,集中起草指导意见,反映企业创新的能力。这也激励小型提供商形成利益集团,因为与大企业相比,它们的国际影响力较小。例如,德国电信经常与欧盟的数据保护部门进行讨论。

此外,尤为重要的是,需要谨慎对待数据保护实践中可变通之处和数据保护相关法律中灵活适用之处,以确保市场在投入资源、开发新工具、改进数据保护的整体情况时所需要的法律确定性。

---

① 欧盟《通用数据保护条例》第 64 条。

第二章
法律和监管框架

第一节　数据隐私监管概念

一、影响因素综述

数据保护法规目前举步维艰,因为保证数字隐私在当今的网络世界几乎无法实现。基于混合治理方法,有四个相互作用,但相互区别的要素,可构建面向未来的管理框架的支柱,即[1]

第一,技术模型;

第二,市场力量;

第三,行为因素;

第四,法律概念。

这四个支柱将在下文更详细地阐述。四大支柱的组合可以克服数字隐私面临的主要挑战,有助于构建充分考虑个人利益的数据保护框架。

后续关于欧盟及美国的隐私和数据保护法律环境的讨论将围绕这四个方面。另外,这四个方面必须符合以下八项核心数据保护原则:[2]

第一,开放性(openness):组织必须公开个人数据实践。

第二,收集限制(collection limitation):个人数据的收集必须要有限、合法、公平。

第三,目的明确(purpose specification):收集及公开的目的必须明确。

第四,使用限制(use limitation):数据使用必须要受限于特定的目的。

第五,安全性(security):个人资料必须受到适当的保护。

第六,数据质量(data quality):个人数据必须相关、准确、及时更新。

---

[1]　这种四大支柱结构的基础:Gasser, Perspectives on the Future of Digital Privacy, 376。

[2]　联合国贸易和发展会议。

第七,获取与修正(access and correction):个人可以获取并且修正其数据。

第八,问责(accountability):数据控制者必须遵守数据保护原则。

在评估合规性时,以上这些原则应反映在企业的总体目标和经营过程之中。如果企业想获得某一资质认证,这些原则也构成了公司资质认证的基础。

二、技术模型

在过去的 20 年中,技术日新月异。用于数据传输的网络基础设施规模不断扩大;微处理器大幅度改进,成本大大降低;存储介质不断扩大;联网设备可以通过传感器生成和捕获数据;家庭自动化平台走进人们的生活;活动跟踪器使个人能够监控他们的行为;智能汽车技术不断发展;可互操作的平台将多种设备和数据服务集合在一起。[1] 将广泛而全面的信息与预测性分析相结合,可以实现对个体的分析。

然而,上述前沿技术可能会失去控制,公众对这些技术缺乏信任,这一事实与技术能够改善数据保护观点相互矛盾的局面。过去 40 年中,主要的保护手段为隐私增强技术(Privacy Enhancing Technologies,PET)。其内涵在于尽量减少收集和处理个人数据,信息系统的功能也不应受到任何损害。[2] 然而,隐私增强技术既有优势,也有挑战。特别是隐私增强技术系统上的应用繁琐,在技术方面经常导致个人放弃采用隐私增强技术。

与此同时,隐私增强技术也进一步发展成为更广泛的概念,这一概念涵盖了组织系统的技术方面内容。这种新方法被称为隐私设计(Privacy by Design,PbD),将技术嵌入到基本原则中。[3] 这样一来,保护个人隐私的技术措施可以发挥规范性代码作用。尽管在实施层面上可以对隐私设计进行不同的解释,但这个概念已经进入立法的范畴。

三、市场力量

数据保护目标也可以通过市场导向机制实现。对于市场和竞争对手而言,声誉是一个重要因素。如果客户本应受到一定程度隐私保护,但是这一需求没有得到尊重,那么企业的声誉就会因此受损。[4] 由此可见,数据保护

---

[1] Gasser, Perspectives on the Future of Digital Privacy, 356 et seq.

[2] Borking and Raab, 6.

[3] Weber, Synchronisierung von Technologie und Regulierung zur Schaffung sachgerechter Datenschutzstandards, 55 et seq.

[4] Gasser, Perspectives on the Future of Digital Privacy, 391.

实践中,认可消费者对隐私政策的偏好,可以成为重要的竞争优势;而负面的声誉则存在风险,会导致消费者选择其他可替代的竞争提供商。[1]

鉴于这一事实,可以推断企业开发新的商业模式,采用适当的隐私保护方案,改善对消费者的数据保护。这些商业模式需要通过自我监管措施来落到实处,如建立行为守则、发布行业协会准则、构建内部数据保护管理计划。[2] 私营的监管活动通常以合理的成本满足实际的隐私保护要求,并以此建立数据保护机制。

四、行为因素

近些年,行为因素逐渐成为重点研究课题。事实上,即使在技术主导的世界中,也不应低估人类因素,诸如个人欣赏、民间社会的需求等。正如新兴的数字设备和服务的使用已经成为趋势,消费者需求导致社会变化,年轻一代尤其如此。

企业可以将行为因素整合到设备设计及服务设计中。例如,点对点交易及其他不同形式的线上合作视为技术产品设计的驱动因素。[3] 社交媒体服务及平台服务使参与者"分享"信息,在默认设置下公众可以获取这些信息。[4]

然而,也需要认识到行为因素带有诸多复杂因素。首先,必须考虑到信息的不完整性及不对称性,这是众所周知的问题。此外,还存在一个隐私悖论:即使在调研中大部分民间团体通常表明不愿意共享个人数据以获取免费在线服务,但说和做可能并不一致,可能实际上会无限地共享信息。[5]

第二节　数据隐私为主题的欧盟政策及法规

一、基本权利与监管框架之间的冲突

国际层面的数据隐私主要有两个概念。首先,大多数多边协议以及大

---

① Swire, Self-Regulation and Government Enforcement in the Protection of Personal Information, 11.

② 详见 Rubinstein, 362; Weber, Internationale Trends bei Datenschutz-Managementsystemen, 31 et seq。

③ 详见 Benkler, The Penguin and the Leviathan: How Cooperation triumphs over Self-Interest, 188 et seq。

④ Gasser, Perspectives on the Future of Digital Privacy, 365.

⑤ Weber, Big Data: Sprengkörper des Datenschutzrechts?, N15 et seq.

多数国家的宪法将隐私原则作为一项基本权利(这项基本权利保护的是个人隐私领域);《欧洲人权公约》(European Convention on Human Rights, ECHR)第 8 条和《欧盟宪章》(EU Charter)第 8 条中都有专门的规定。其次,国际法律文书(如法律、法规等)也包含限制处理个人数据的数据保护条款。

然而两个法律来源并不总是能保持一致。隐私的基本权利与其他基本权利相冲突,如言论自由权或信息自由权;具体的数据保护条款将在特定的国际法和宪法框架下实施,这些条款也必须符合国际贸易规则。通过分析欧盟及美国当前发展情况,本书进一步分析不同框架造成的冲突,这些冲突的来源有很大的不同。[1]

《欧洲人权公约》及《欧盟基本权利宪章》(Charter of the Fundamental Rights of the European Union, CFEU)确定了基本的隐私人权,这为限制数据保护侵权提供了参考框架。欧盟成员国必须遵守这些协议中个人隐私基本原则。然而,一般原则的界限并不明确,因为这些原则需要根据具体情况,平衡隐私权和国家利益。实质上,欧盟《通用数据保护条例》作为一项二级法律,包含了在欧洲实践一级法律的实践规则和具体规则。[2]

隐私基本权利的重要性日益增加,由于数据保护部门缺少实际行动,这项权利在过去 3 年中成为关注的焦点。欧盟法院(Court of Justice of the European Union, CJEU)作出了两项具有里程碑意义的决定。一是欧盟法院承认被遗忘的权利(谷歌/西班牙)[3]作为一项新的隐私基本权利,二是欧盟法院宣布欧盟和美国之间的《安全港协议》(Safe Harbor Agreement)[4]已经失效,宣布该协议失效是由多种原因造成的,部分原因是由于美国部分监视措施违背了欧洲由宪法规定的隐私权。

欧盟基本权利方法的重要性日益增加,这一方法完善了数据保护框架。但由于欧盟基本权利方法与国外的法律法规相冲突,其对跨境数据传输业务构成了巨大挑战。引入新的《隐私盾协议》(Privacy Shield)条款接替《安

---

① 详见 Weber and Staiger, Privacy and Security in the Fight Against Terrorism, 2 et seq.

② 有关欧盟与人权法之间相互作用的讨论,详见 Staiger, Data Protection Compliance in the Cloud.

③ C-131/12, Google Spain SL, Google Inc v Agencia Española de Protección de Datos, Mario Costeja González, ECLI:EU:C:2014:317 (CJEU) (2014).

④ C-362/14 Maximillian Schrems v Data Protection Commissioner, ECLI:EU:C:2015:650 (CJEU) (2015).

全港协议》的谈判凸显了欧盟及美国的私人公共数据访问权问题。[①] 从长远来看,依然需要探索不同的数据保护法律如何相互借鉴、融合及发展。

在国际领域,欧盟在人权及隐私权保护方面扮演了重要的角色。许多国家效仿并实施了数据及隐私保护法律,部分法律与欧盟条款相近。[②] 例如,印度尼西亚最近首次通过了国家数据保护原则。澳大利亚长期以来一直保持保护数据的传统。例如,澳大利亚数据保护原则规定严重数据违规须向澳大利亚信息委员会办公室报告,同时须向受影响的个人发出通知。

二、欧盟数字市场战略

在欧洲,欧盟委员会倡导单一的数字市场(Digital Single Market,DSM)战略,着眼于"信息数据的自由流通"。这种概念倡导应该消除数据自由流通有关的所有障碍,而非保护个人数据。[③]

数据自由流通与个人数据保护之间存在冲突,目前,欧盟委员会也在逐步处理关于两者间冲突的细节问题。[④] 2017年1月,欧盟委员会强调了欧盟《通用数据保护条例》对单一市场的作用,进一步整合欧盟成员国提供服务的所有领域,以推进数据保护和数据流通。[⑤] 就个人数据而言,欧盟成员国所提供的服务必须满足欧盟《通用数据保护条例》的要求。然而更多情况下,传输的是非个人、机器生成的数据,这种情况则应该促进、激励数据分享。

单一数字市场战略也涵盖欧洲云计划,其中包括服务认证、合同、提供商转换、开放研究设施等主题。该计划旨在整合建立一个覆盖欧盟的云市场。[⑥] 这些情况表明,数据的自由流动不仅可以视为基本权利的表达,而且可以理解为一种影响及引导信息分发的法律关系"网络"。[⑦]

---

① 有关隐私保护的详细信息,详见 Annexes to the Commission Implementing Decision Persuant to Directive 95/46/EC of the European Parliament and of the Council on the Adequacy of the Protection provided by the EU-U. S. Privacy Shield, C(2016) 4176。

② 澳大利亚信息专员办公室。

③ European Commission, Why We Need a Digital Single Market, 15.

④ Weber, Competitiveness and Innovation in the Digital Single Market, 72-78.

⑤ 对于这方面的新进展,详见 European Commission, Communication on Building a New Data Economy, 10 January 2017, COM(2017) 9 final; Commission Staff Working Document on the Free Flow of Data and Emerging Issues of the European Data Economy, 10 January 2017, SWR(2017) 2 final。

⑥ European Commission, Why We Need a Digital Single Market.

⑦ Weber, Competitiveness and Innovation in the Digital Single Market, 75.

在这种降低风险系统中,透明度至关重要。① 尽管公共访问规则和流程已经发展并逐渐完善,这旨在解决存储在公共机构的信息共享问题,但是私营领域却未曾探讨,而私营领域却可通过电子通讯极大地影响私人生活。此外,如果数据安全受到破坏,个人信息遭到泄露,欧盟《通用数据保护条例》则要求对数据主体进行最低限度的强制性披露。② 任何数据转移限制均应告知公众,这样可以提高竞争力,降低不利影响。

数据保护及数据使用的不确定性会导致消费者及业界对互联网服务失去信任。核心问题仍然是缺乏安全性、缺乏合规性及安全性与合规性的缺失对基本权利的影响,因为它有可能允许第三方访问个人数据甚至敏感数据。

欧盟已采取措施来解决部分问题,欧盟于 2016 年 7 月实施《网络和信息安全指令》(Network and Information Security Directive,NIS)。③ 关键基础设施运营商需要采取适当行动来防范安全风险,并向潜在受侵害方通报安全漏洞。④ 因为互联网风险蔓延迅速,大范围波及各种服务提供商,所以以私营领域有必要与公共机构之间及时进行交流,以发现潜在的威胁或风险,采取适当的对策。

欧洲云合作伙伴指导委员会(该委员会由 IT 和电信行业的高级代表与政府 IT 机构的决策者组成)强调了公共机构需要在欧盟范围内实施云采购战略,这有助于建立相同的行业要求,从而加强欧盟在电子卫生保健、电子政务、社会关怀等领域的云服务供给。⑤ 在统一云系统下,欧盟单一数字市场内无障碍数据传输可进一步增强对个人数据的保护。

三、数据保护法律改革

1. 在过去的 10 年中,数据保护规定更加详细,这一趋势也已经显现出来了,最好的例子就是废除欧盟《数据保护指令》(Data Protection Directive,DPD),以欧盟《通用数据保护条例》取而代之,欧盟《通用数据保护条例》已于 2018 年 5 月生效。

---

① 详见例如 Svantesson and Clarke, 391 et seq。

② 另请详见欧盟《通用数据保护条例》第 13 条和第 14 条对信息需求的讨论。

③ Directive 2016/1148 of the European Parliament and of the Council of 6 July 2016 concerning Measures for a High Common Level of Security of Network and Information Systems across the Union, OJ L 194, 19.7.2016, p. 1-30.

④ 欲了解更多内容,详见 Weber and Studer, 715 et seq。

⑤ 欧洲云合作伙伴指导委员会。

与欧盟《数据保护指令》相比，新法规包含的规定在数量上增加了一倍以上。这种数量上的增加可能是由于需要采取特定的保护措施所致，鉴于如果没有相应的立法行动，大数据或物联网等新技术的兴起会导致个人数据的侵权呈指数型增长。[①] 然而，现实表明，尽管实体法的数量有所增加，但是也包括废除了 50 多项国家层面的法规，这些领域由欧盟成员国的各自法律裁量。[②]

2. 根据欧盟数据保护框架的变化，《电子隐私指令》(E-Privacy Directive, EPD)[③]也在经历修订，该法令用于调整通信行业个人数据处理。多个修订议案将统一纳入一项法规之中，旨在根据新市场新技术的现实情况，解决围绕《电子隐私指令》一系列问题，以加强通信的安全性和保密性，解决国家层面执法不一致的问题。

3. 商业惯例对《电子隐私指令》第 5 条规定的知情同意书的使用带来了挑战，因为大多数提供商运用了采取或放弃的方法，主要是要求客户点击适当的同意按钮或阻止客户使用某个网站。由于这种方法已被认为是维护数据保护措施实施的挑战之一，因此欧盟《通用数据保护条例》将增加对知情同意书的内容，即欧盟《通用数据保护条例》将使公司更难获得个人数据处理知情同意书，因为公司需要向客户提供处理操作性质的充足信息。

欧盟立法者试图规范跟踪行为及解决浏览监控问题，cookie 通知是一个很好的例子，尽管这在实际应用中并没有取得较好的结果。因此，修订的重点在于实际追踪是有限的，这些条款需要易于理解。要向客户表明这是通知基础处理操作，而非获得知情同意。这是因为提供给普通用户的信息绝不能被描述为通知。

第三节　美国数据保护及隐私原则

一、美国数据保护发展

随着《美国宪法》(US Constitution)的通过，在美国，隐私的概念比当时

---

①　其中的细节在第二章第四节中讨论。
②　对于处理依据和欧盟《通用数据保护条例》下的大数据的实际讨论，详见 Härting, 88 et seq。
③　欧洲议会和理事会关于尊重电子通信中的私人生活和个人数据并废除指令 2002/58 / EC（《隐私和电子通信法规》）的提案。

英国法律中已有的内容进一步扩展,包括保护不受政府不合理搜查及羁押的宪法权利(第四修正案)。特别是,通过美国《宪法》第一、第三、第四和第九修正案,新的判例法在婚姻关系中规定了隐私权。① 在著名的格里斯沃尔德案(Griswold case)中,道格拉斯大法官认为各种宪法保障创造了隐私区域,并且为了确保公民生命和财产,这些隐私区域是必要的。正如布兰代斯大法官(Justice Brandeis)后来在1928年所说的那样:

宪法的制定者试图保护美国人的信仰,思想,情绪和感受。他们授予政府权利,让他们自由——这是最全面的权利,也是文明人最看重的权利②。

1890年,路易斯·布兰代斯(Louis D. Brandeis)和他的哈佛校友塞缪尔·沃伦(Samuel D. Warren)在《哈佛法律评论》(Harvard Law Review)联合发表文章,文章中隐私法首次公开亮相,并且之后也取得了显著进展。两人首次在学术刊物上指出应该存在一个更广泛的隐私概念,以保护个人免受无理的、不公正的精神压力伤害。③

尽管,乍一看来由于顾虑引发大量诉讼,加之很难明确公共和私人数据之间的界限,后续案例并没有遵循这一观点,但是这却构成了美国隐私法发展的基石。④ 今天,口头诽谤或侮辱所涉及的隐私权已在美国州立法和判例法中得到了承认。十项州立宪法明确承认隐私权,而在没有州立宪法保障隐私权的州,则通过法院判决保护隐私权利。⑤

过去的35年中,随着隐私权附加到更全面的、关注个人的权利基础概念上,美国摆脱了财产所有权概念。⑥

二、现有数据保护框架

对于数据保护和网络安全的监管,美国将相关问题交由州和联邦政府机构管理。例如,联邦贸易委员会(Federal Trade Commission,FTC)负责管理

---

① Griswold v. Connecticut, 381 U. S. 479 (1965).

② Olsmtead v. United States, 277 U. S. 438, 478 (1928) (Brandeis, J., Dissenting Opinion). 大多数人发现,窃听确实不涉及"有形"的东西,因此没有提供宪法保护。这种情况后来被否决了。详见 Warren and Brandeis, 193 et seq。

③ Warren and Brandeis, 196 et seq.

④ Roberson v. Rochester Folding Box Co. 171 NY 538, 64 NE 442 (1902).

⑤ 国家立法机关全国会议(州宪法中的隐私保护),网址:< ncsl. org/research/telecommunica-tions-and-informationtechnology/privacy-protections-in-stateconstitutions. aspx >。

⑥ Rakas v. Illinois, 439 U. S. 128 (1978).

贸易商业相关的立法及涉及欧盟的隐私保护法案。《联邦贸易委员会法》①
第5条规定,联邦贸易委员会通过其"不平等"特权进一步获得网络安全实
践的监管权。联邦贸易委员会也表示在面对新技术领域时会更经常使用这
种监管权。其他监管机构,如金融部门的监管机构,也加强了网络安全监督
工作,②更频繁地进行审计及定期检查。这一趋势正在从金融领域扩展到其
他领域,也包括各州和联邦政府的监管机构。消费者维权组织也在监督保
护中发挥着重要作用,因为他们经常会将问题提请公众和法院注意。

对于公司而言,美国州法律会造成大量的不确定性和合规成本。例如,
数据泄露通知因州而异。根据事件发生时所在的州不同,通知各方的要求
也不同。例如,加利福尼亚最近修订了数据泄露法律,法律要求在加利福尼
亚州营业的公司顾及新通知新要求与其他州营业要求的兼容性。③ 公司在
每个州运营的通知要求必须接受检查,因为有些州限制提供给数据主体的
信息量。④

隐私监管的范围正在逐渐扩展到所有部门。例如,联邦通信委员会
(Federal Communications Commission, FCC)已在2016年将互联网服务提供
商重新分类,以便根据新的隐私规则对其进行监管。⑤ 这些规则旨在解决与
互联网服务提供商操作有关的数据共享、数据泄露通知和数据保护问题。

在美国,数据泄露事件的集体诉讼数量不断增加,受影响的个人更愿意
要求赔偿损失。然而,在集体认证方面仍存在问题,因为大多数集体成员通
常会遭受不同类型和不同程度的损失,⑥通常需要更加个性化的处理。尽管
如此,过去两年来,提供商因数据安全泄露而遭受集体诉讼的可能性显著
增加。

另一个影响欧盟客户和企业的是美国搜索规则的问题,规则要求设立
在美国的公司向其交易对手披露受欧盟数据保护规则管辖的信息。这给公
司带来了极大的困难,因为它们需要遵守两个司法管辖区的法律,即使它们

---

① 《联邦贸易委员会法》(15 U. S. C. § § 41-58)
② 如金融市场法律委员会可以获取并使用该监管权。
③ 《加利福尼亚民法典》第1798页第29节和第82节。
④ 例如马萨诸塞州就是这样,因为法律禁止通知包括违规行为性质和受影响人数的信息。详
见 M. G. L. c. 93H, s. 3(c)。
⑤ Ruiz and Lohr, F. C. C. Approves Net Neutrality Rules, Classifying Broadband Internet Service as
a Utility, New York Times of 26 February 2015.
⑥ 法官必须首先证实受影响个体的类别,这指的是所有已经受损的当事方都包括在这个类别
中以及他们已经同意集体诉讼或放弃了集体诉讼。

彼此相悖:一个要求披露,另一个则禁止披露。

由于新的《网络安全信息共享法案》(Cybersecurity Information Sharing Act,CISA)允许公司与政府共享信息,允许从欧盟向美国传输个人数据,破坏了欧盟《隐私盾协议》保护内容,①因此问题也随之产生。欧盟法院已经强调,不会接受美国当局对欧洲个人数据的大量公共访问,因为它违反了欧盟法律,不能提供足够的保护或确保安全性。②

云计算企业非常重视与政府访问有关的问题。③ 一方面,云计算提供商寻求专家意见,了解他们披露数据的义务以及能否反对披露数据。另一方面,提供商要求政府对数据披露作出更明确的规定。④ 美国《爱国者法案》(Patriot Act)、《国外情报监视法》(Foreign Intelligence Surveillance Act)以及其他各种联邦法律及州法律允许政府机构访问在美国服务器上处理的欧洲个人数据。由于欧盟对这些法律没有任何权力,因此只有两种解决办法:要么不切实际地全面禁止向美国转移个人数据,要么至少通过加密等技术措施避免大规模监控。⑤

国际层面,美国作为世界上最大的数据受益方,强烈支持取消数据传输的限制。过去的十几年中,美国在制止或降低数据传输限制方面取得了很大的成功,美国通过在国际条约谈判中提供贸易优势,以降低数据转让限制。特别是,数据保护措施如何阻碍数据自由流通、数据保护措施与《服务贸易总协定》(General Agreement on Trade in Services,GATS)⑥一致性等方面的研究,迄今尚不充分。⑦ 然而,目前普遍认为,欧盟"充分性"(adequacy)要求不容受到挑战。⑧ 欧洲法院最近宣布《安全港协议》无效,但是在此之前,欧盟法律也有变通方案,可以使美国公司能够在没有任何实际监督的情况下自由地从欧盟传输数据。⑨

---

① 2015 年《网络安全信息共享法案》。网址:https://www.congress.gov/bill/114th-congress/senate-bill/754

② 详见 the comments made in C-362/14 Maximillian Schrems v Data Protection Commissioner ECLI:EU:C:2015:650 (2015)。

③ 例如微软公司非常重视政府机构访问数据的透明度问题。

④ 见附录访谈 8。

⑤ 对这些问题的讨论详见第二章第五节。

⑥ 对这些问题的讨论详见第二章第六节。

⑦ 关于这个问题的讨论详见:Weber, Regulatory Autonomy and Privacy Standards Under the GATS, 32.

⑧ Shaffer, 1 et seq.

⑨ Greenleaf, 13 et seq.

第四节　欧盟数据保护框架

欧盟数据保护法的发展可以追溯到后"二战"时代,其特点是强调人的尊严,强调人的尊严是德国《基本法》(又称为德国《宪法》)的一部分。出于对德国各政府部门之间权力转移的顾虑,第一批数据保护法诞生了,如1970年的《黑森州隐私保护法案》(Hessian Privacy Protection Act)。[①]

与灵活的普通法概念相比,欧盟及其成员国强化了传统的同意和注意概念,这是数十年来数据处理的要求。但是,如今考虑到大数据及物联网等新技术,这些概念不再适用于商业经营,法律和技术之间因此产生了隔阂。

处理欧盟居民的个人数据并将数据传输到欧盟以外的过程,需要满足高标准数据保护要求。例如,为了能够在欧盟《通用数据保护条例》框架下向欧盟之外传输数据,首先必须确定初始处理的权限,然后确定跨境转移的理由。

下列段落着重阐述了欧盟《通用数据保护条例》的关键条款以及处理欧盟居民个人数据的核心合规要求。

一、处理权限

将个人数据转移到欧盟境外之前,首先必须存在合理的数据处理理由,方能使用数据。只有在以下情况下,方能在欧盟《通用数据保护条例》下处理个人数据:[②]

第一,正在处理数据用于履行合同;

第二,数据主体已同意对其数据进行处理;

第三,数据管理者可以证明权益合法,不违背数据主体基本权利;

第四,数据正由公共机构或成员国或联盟法律处理。

当今的多层网络环境下,数据处理形式多样,纷繁复杂,有鉴于此,每个处理操作都必须配套适合的法律规则。设立于美国的企业,在欧盟进行个

---

① Burkert, 45 et seq.
② 欧盟《通用数据保护条例》第6条。

人数据处理时,必须符合相关要求。①

正如云和云相关业务的访谈所反映的,位于美国的处理者通常要执行控制者的合同处理数据。因此,合同所述定义须包含广泛的内容,以便在履行合同时,能够实现多种不同类型的数据处理。只有这种方式不可行的情况下,合同中才会征求数据主体的同意。

二、处理者和控制者

欧盟《通用数据保护条例》第 4 条第 7 款规定了控制者的定义,控制者包括任何自然人、法人或公共机构,他们(单独或共同)确定处理个人数据的目的和手段。当数据处理由欧盟法律规范时,控制者可以由欧盟法律指定。因此,依据欧盟《通用数据保护条例》,如何确定控制者(controller)或处理者(processor),重点在于云提供商的任务性质,云提供商决定处理数据的手段和目的。②

这种评估包括多种服务(从 IaaS 到 SaaS),这些服务由于提供商工作任务性质不同而存在很大差异。③ 除了控制者和处理者的区别外,还应注意另一种形式的提供商,即中间人。《工作白皮书 196》(Working Paper 196)指出子处理者(sub-processor)(也就是 IaaS 提供商)可能仅仅基于硬件选择而被归为控制者的情况。《工作白皮书 196》强调,当事方,即子处理者,适用了更严格的测试来确定处理数据的"有效手段",子处理者即使不是控制者,也可以决定数据处理的性质,这为数据处理留有一定余地。④ 正因为这类提供商采用了类似的措词,这一概念也适用于欧盟《通用数据保护条例》。而控制者定义中则增加了一个新元素,因为控制者不仅要确定数据处理方法,还要确定处理目的。这提高了云提供商的进入标准,并降低了云提供商被误确定为控制者的风险。

---

① 有关云系统背景下的挑战的讨论,详见 Staiger, Data Protection Compliance in the Cloud。

② 欧盟《通用数据保护条例》第 4 条第 8 款中处理器的定义在于指令代表控制人行事,而 DPD 中先前重要的控制水平不再是本评估的一部分。

③ Hon, Millard, Walden, Who is Responsible for Personal Data in Clouds, 208. 目前关于在线中介平台指令草案正在进行讨论,该指令将《电子商务指令》第 9 条的《安全港协议》保护转化到合同法领域,详见 Research Group on the Law of Digital Services, 166。该指令可能适用于某些云平台的程度还有待观察。

④ Article 29 Working Party, WP 196 (2012) 8.

简而言之,处理者的法律义务可以总结如下:①

第一,数据处理者只能由数据控制者指定,数据处理者需要充分保证实施适当的技术和组织措施,以确保处理过程符合欧盟《通用数据保护条例》的要求。

第二,欧盟《通用数据保护条例》规定了数据控制者对于处理者外包方面的广泛的管理权限。实际上,数据处理者需要事先得到书面许可。这种许可可以是一般性的,但即使在已经得到一般许可的情况下,如出现任何新的子处理者,处理者仍然需要通知控制者,给控制者留有反对时间。

第三,数据处理者的活动必须受控制者的合同的约束。成员国或欧盟法律可以否定这些合同,并为数据处理提供独立的基础。

第四,处理者有义务保存所有类别处理活动的记录。

第五,像控制者一样,处理者需要实施适当的安全措施。采取措施的恰当性需要由多种因素评估,其中包括数据的敏感性,个人面临的、与安全漏洞相关的风险,最新技术,实施成本以及处理性质。

第六,处理者在知晓任何违规行为后,必须立即通知其相关控制者,不得无故拖延。为了避免冲突,应该在处理合同中规定时间表,明确何为无故拖延。

第七,某些情况下,处理者需要指定数据保护官(Data Protection Officer, DPO)。例如,处理者为公共机构或部门,数据处理活动要求大规模定期监控数据主体,或者处理的核心活动涉及大量特殊数据或与刑事定罪和犯罪有关的数据。

第八,处理者在决定是否可以将个人数据传输到第三国时,处理者必须与控制者保持一定的独立性。尽管处理者需要遵循相关数据控制者的数据处理指令,但是处理者处理数据将受到欧盟《通用数据保护条例》跨国数据传输要求的约束。因此,如果没有"充分性"决定(adequaey decision)或其他例外情况,尽管控制者有明确的指示,处理者也不得跨境传输数据。为了避免潜在的冲突,这种数据转移的条款应该包含在合同中,以明确处理者依照何种转移规则进行数据转移。

第九,批准的行为准则将对处理者施加额外的义务,并要求处理者说明合规性。因此,合同须突出处理者须遵循何种行为准则,以避免因采用不同的行为准则而产生潜在的冲突。

---

① Heywood, Obligations on data processors under the GDPR https://www.taylorwessing.com/globaldatahub/article-obligations-on-data-processors-undergdpr.html.

三、向欧盟外传输数据

在欧盟《通用数据保护条例》之下,向欧盟外传输数据通常是禁止的。[①]然而如果能确保数据受到充分的保护,也可以存在某些例外情况。这种情况需要满足以下要求:

首先,需要欧盟委员会作出裁定,认定第三国的数据保护法律提供了充分的保障措施,可以进行数据转移。迄今为止,获得此项批准的非欧盟国家数量非常有限,名单包括以色列、瑞士等国家,但不包括美国。[②]

其次,除了这一裁定之外,为了满足欧盟数据保护法要求,企业及其国外合同方须采取适当保障措施,如采用欧盟委员会提供的标准合同条款。一些设立在美国的 SaaS 提供商及其他企业,选择允许其欧盟子公司通过一项总体协议,以符合这些条款要求。然而,由于这种做法只对缔约方具有约束力,并伴随着执法问题,因此这些条款提供的数据保护程度需接受严格审查。对于美国而言,欧盟委员会和美国联邦贸易委员会之间已经达成了一项特殊协议,该协议称为《隐私盾协议》[③],协议允许向在美国联邦贸易委员会注册的公司进行无限制的数据传输。

就目前来说,标准合同条款规定了最有效、最可靠的数据传输方式,可以让公司将个人数据传输到美国或从美国传输出去。学界对标准合同条款何以不提供灵活性协议已有探讨,但这似乎并不适用。然而,由于数据属于员工,许多欧盟国家的工会代表也试图就数据的安全性寻求额外的保障。通常是直接向员工或员工代表另外求得明确许可。员工的劳务合同包括个人数据用于云服务的同意书及将个人数据用于云服务的相关信息。

由此可见,数据保护问题往往是政治问题,这意味着云客户寻求信息和保障,表明未经法律允许,第三方不得处理数据。数据保护问题随之成为一个信息政策的问题,这是由于大多数企业对企业(Business to Business,B2B)提供商可以根据多种不同的目的处理数据,数据主体对此毫不知情。所使

---

① 欧盟《通用数据保护条例》第 44 条。

② European Commisson, Commission Implementing Decision (EU) 2016/2295 of 16 December 2016 amending Decisions 2000/518/EC, 2002/2/EC, 2003/490/EC, 2003/821/EC, 2004/411/EC, 2008/393/EC, 2010/146/EU, 2010/625/EU, 2011/61/EU and Implementing Decisions 2012/484/EU, 2013/65/EU on the Adequate Protection of Personal Data by Certain Countries, pursuant to Article 25(6) of Directive 95/46/EC of the European Parliament and of the Council OJ L 344,17.12.2016, 83-91(2000).

③ 详见《隐私保护实施决定》。

用的合同术语的概念通常非常广泛,允许 B2B 提供商进行大量不同的数据处理活动。然而,随着欧盟《通用数据保护条例》提出了更高的要求,这一情况也会发生变化。[①]

另一方案是所谓的《约束公司规则》(Binding Corporate Rules,BCR),该规则规定了跨多个司法管辖区的公司的整个公司结构,以确保高级别数据保护。该方案的缺点是实施维护这样一个框架的成本很高。然而,这是一个很好的营销手段,因为它告诉客户无论数据传输到哪里,数据都是安全的。此外,安全问题对于高层管理人员而言也十分重要,因为任何违规都会直接影响其进一步运营业务。[②]

四、信息要求

欧盟《通用数据保护条例》在两种情况下对控制者作出了新规定,一是个人数据从个人处直接获得,一是个人数据从第三方获得。

当个人数据从数据主体直接获取时,控制者必须:

第一,提供控制者身份和联系信息;

第二,提供数据保护官或任何控制者代表(如适用)的详细信息;

第三,明确数据处理的目的;

第四,将法律依据必须传达给数据主体。这可以通过标准化的图标完成。[③]

在提供云服务的情况下,控制者必须:

第一,向数据主体告知潜在的第三国转让数据的情况,并向数据主体提及适当的保障措施;

第二,获取详细的转让备份。

由于美国并不受限于“充分性”决定的限制,所以《安全港协议》(或该协议更新协议《隐私盾协议》)下的替代性数据转让必须告知数据主体。在这种情况下,还必须向数据主体告知个人数据接收方。[④]

如果数据不是直接从数据主体获得,而是来自第三方,控制者必须向数据主体告知上述事实,控制者还须告知个人数据接收方或个人数据接收方

---

① 有关新要求及其效果的讨论,详见 Staiger, Data Protection Compliance in the Cloud。
② 见附录访谈7。
③ 欧盟《通用数据保护条例》第12条第7款。
④ 欧盟《通用数据保护条例》第13条第1款第5项。

的类型(如适用)。^① 此外,控制者还必须提供个人数据来源的信息,数据来源能否公开访问。为确保处理个人资料时的公正性及透明性,控制者还必须提供以下信息:^②

第一,个人资料储存期限或确定此期限的标准;

第二,数据处理存在合法权益(如适用);

第三,数据主体从控制者获得查阅、更正、删除个人数据或限制处理数据的权利,反对处理的权利以及反对数据可移植性的权利;

第四,根据第 6 条第 1 款第 1 项或第 9 条第 2 款第 1 项,数据主体有权在任何时间撤销个人数据处理同意书,而在撤销该同意书之前的数据处理是合法的;

第五,向监督机构提出投诉的权利;

第六,个人数据的来源,如果适用,是否是可公开访问的资源;

第七,第 22 条第 1 款和第 4 款中规定的包括概况分析在内自动决策,自动决策所涉信息是有逻辑有意义的,以及对数据主体而言,自动决策处理的必要性及潜在后果。

控制者在获得数据后,须在一段合理时间内提供这些信息,最迟不超过一个月内提供。^③ 如果数据用于与数据主体进行通信,该情况须在第一次与数据主体的通信中提供,如果数据用于向数据接受者披露数据,须在第一次披露时告知接收者。^④

五、罚款及处罚

业界及学界在分析欧盟《通用数据保护条例》最重要的条款时,往往提及欧盟《通用数据保护条例》所规定的高额罚款。公司虽然对这些高额罚款心存顾虑,但却不认为高额罚款是最直接威胁,这是因为公司正采取一切必要措施以符合欧盟《通用数据保护条例》的规定,认为这样可以避免由于第三方在其系统上的操作而受到罚款处罚。^⑤

遵守欧盟《通用数据保护条例》义务、确保合规性的责任由公司的管理

---

① 欧盟《通用数据保护条例》第 14 条第 2 款。

② 欧盟《通用数据保护条例》第 14 条第 2 款。

③ 欧盟《通用数据保护条例》第 14 条第 3 款第 1 项。

④ 有关详细讨论,详见 Staiger, Data Protection in the Cloud。

⑤ 见附录访谈 9。

层承担,公司的管理层必须与数据保护官就相关事宜进行讨论。[①] 处于商业目的实质性违反数据保护法律,会引发刑事责任,这也对董事会进行施压,确保数据处理的基本合规性。

欧盟《通用数据保护条例》规定了两类违规行为,这两类违规行为严重程度不同,罚款金额不同。一般而言,它们包括故意或鲁莽地违反欧盟《通用数据保护条例》、数据保护机构的要求及所有其他数据保护的要求。对于故意或鲁莽违规而言,对数据主体构成严重威胁的,相应的最高罚款占全球范围内营业额的4%;而情节较轻的违规行为,相应的最高罚款占全球营业额的2%。[②] 然而,在评估罚款额度时,需要考虑所有相关因素,如拯救措施、通知、对数据主体的影响以及与监管当局的合作等。

第五节　美国数据保护框架

一、引言

美国的数据保护法对企业来说非常具有挑战性,因为美国的数据保护法可由不同的部门制定,分为联邦法律和州法律两类。特别是不同的州立法各不相同,对那些没有技能、知识或人力的企业来说,当他们开始提供云服务时,便要评估每个州的法律,这对他们而言难度很大。

通常而言,普通法的传统概念(如侵权责任类别)必须根据 Facebook 等新技术或其他数字商业模式加以调整。[③] 法院之间适用情况差异很大,因为传统普通法概念时常受到旧立法内容的约束,尽管成文法不如判例法那么灵活,但它们必须适用于当下的新技术。这可以通过在极为抽象的层面解决这一问题,而无须处理细节,也可以因某法规无法适用于技术,而确定该法律不适用于某一特定情况。在这些情况下,这个问题就变成了法院是否弥补普通法规则和原则与技术之间的差距,并在这方面制定新的判例法。

---

① Härting, 5 et seq.
② 欧盟《通用数据保护条例》第83条。
③ 详见例如 Richards, 357 et seq.

在联邦层面,最重要的法律涉及保护健康数据及金融服务。目前这些领域面临越来越多提交给法庭的集体诉讼。例如,目前已有人根据《公平信用报告法》(Fair Credit Reporting Act,FCRA)①的规定,就数据泄露导致欺诈风险而需要监控的情况,提交了集体诉讼。无论是黑客要攻击的信息尚不存在,未造成损失的情况下,还是无法建立黑客与损失之间联系的情况下,通常而言,这些案件都面临损害赔偿。② 信用卡、其他金融信息和社会安全号码存储在各种各样的地方,在大多数情况下复制这些信息可能与数据泄露无关。

下文将讨论商业环境中联邦法律及州法律中最常引用的成文法,这些法律对技术创新型企业施加了巨大的合规负担。

二、《隐私法》及《窃听法》

(一)《隐私法》

20 世纪 70 年代,根据个人数据处理引发问题的总体情况,美国颁布了第一部《隐私法》,即 1974 年《隐私法》(Privacy Act)③。鉴于 20 世纪 60 年代以来计算机的使用范围不断扩大,该法旨在设定个人数据保护的基本框架。随着互联网使用和数据库处理操作不断发展,在 20 世纪 90 年代末开始第二次推行新数据保护法的工作。④《隐私法》规定联邦机构可以披露和使用个人信息。这样一来,《隐私法》规定了三项基本权利:

第一,有权查看自己的记录,但需遵守《隐私法》的豁免条款;

第二,有权要求修改不准确、不相关、不及时或不完整的记录;

第三,有权保护个人免受因个人信息的收集、维护、使用和披露而导致的无根据的隐私侵犯。

然而,尽管《隐私法》十分重要,但它只涵盖了一小部分数据处理操作,其中大部分是在私营部门进行的。

(二)《窃听法》

《窃听法》(Wiretap Act)⑤规定了窃听通信的内容。1986 年《电子隐私

---

① 《公平信用报告法》(Pub. L. 114-38, 15 USC § 1681)

② 详见例如 In re: SuperValu, Inc, Customer Data Security Breach Litigation, Court File No 14-MD-2586 ADM/TNL (D. Minn.) (2016)。

③ 《隐私法》(Pub. L. 93-579, 5 U.S.C. § 552a)

④ 详见 Landau, 37 et seq。

⑤ 《窃听法》(Pub. L. 114-38, U.S.C. § § 2510-2522)

法》(Electronic Privacy Act)是在对《窃听法》进一步修订的基础上诞生的,其目标是使法律内容与时俱进,适应新技术的发展。然而,如后来的案例所证明的那样,法律无法跟上技术发展的步伐。例如,Joffe 诉谷歌公司(Joffe v. Google Inc.)一案①使得法官根据 EPA 中无线通信的旧定义评估 Wifi 技术。法院最终认为,Wifi 技术并不等同于无线电通信。

三、美国监视框架

(一)《爱国者法案》

在美国有多个司法法规规定数据获取的方式,这些司法规则在程序、司法保障以及反对命令的权利方面差异较大。《爱国者法案》和《国外情报监视法》为这类数据获取措施提供了法律基础。对于美国实施的措施,美国《宪法》第四修正案规定了对不合理干预提供了有限程度的保护。近几十年来,这种保护似乎已经受到侵蚀。例如,Smith 诉马里兰州(Smith v Maryland)一案②这样的裁决使得电话元数据的收集成为可能。政府机构对《爱国者法案》的扩大解读也对隐私保护产生了不利影响。尽管美国当时的总统在政府监视问题上发布了政策命令,但并没有任何法律文书缩小解释成文法中关键定义,以限制各机构扩张的监视权力。③

美国监视机构曾经可以无须获得授权,甚至不必按照《爱国者法案》中规定的访问国家数据的程序,访问海外存储的数据。④ 在这些情况下,美国公民的权利受到侵害,特别是美国《宪法》第四修正案针对不合理搜查和扣押的权利,因为公民无法保护他们的任何数据和通信不被存储或转移到国外。在大多数地区,监测的范围是未知的。

只有当斯诺登透露监视的程度之后,公众才开始意识到这些问题。不少美国行政长官也在参议院面前对此表示担忧并发表言论。特别是,可追溯到里根总统的 12333 号行政命令,在今天仍然有效,该行政命令已被确定为行政部门不受限制地获取外国数据的主要来源。⑤ 行政部门自行决定国

---

① Joffe v. Google Inc. , No. 11'-17483, D. C. No. 5∶10-md-02184JW.

② Smith v Maryland 442 US 735 (1979).

③ 新闻秘书白宫办公室,PPD 28(2014)。

④ 通过提供拦截和阻止恐怖主义所需的适当手段来统一和加强美国(2001 年美国《爱国者法案》)。

⑤ Savage, Reagan-Era Order on Surveillance Violates Rights, Says Departing Aide (New York Times, 2014) https://goo. gl/22ErTL.

外监视规则,甚至没有像国内案件那样要求的报送秘密情报法庭批准。①

(二)《国外情报监视法》

1978 年颁布的《国外情报监视法》(Foreign Intelligence and Surveillance Act,FISA)②是针对政府机构滥用隐私的情况而设立的。尽管《国外情报监视法》不在于规范美国国内监视行为,因为其主要目标在于应对国家安全的外部威胁,但该法律为过去的美国国内措施提供了很多回旋余地。当涉及美国领土内的外国势力活动时,该法律允许在美国国内进行监视。

然而,该法律的主要目的是美国国外监视,而证据收集须依照美国国内法院审理程序,这两种情形造成了分歧,这是一个长期存在的问题。③ 国外监视可以允许在执法程序采用辅助措施,但是如果这样做的主要目的是收集证据,那么截取的通讯信息不得在刑事诉讼中采用。此外,《国外情报监视法》引入了"可能原因"(probable cause)的概念,如何解释这个术语也留有余地。该法律还规定了两个新的秘密国外情报监视法庭(Foreign Intelligence Surveillance Courts,FISC),一个是地区级别,一个是上诉区级别。

国外情报监视法庭可以为了获得国外情报而命令展开国内监视。国外势力主要是指任何参与国际恐怖主义或为恐怖主义做准备的活动的组织。此外,国外势力代理人也包括故意为国外势力从事秘密情报搜集活动,违反美国的刑事法规的美国公民。国外势力代理人的定义也适用于代表国外势力故意从事破坏活动的人员、参与国际恐怖主义者、参与恐怖主义准备活动的人员。根据这些宽泛的定义,恐怖主义活动不可避免地由《国外情报监视法》管理。因此,一旦得到法院命令,就可以进行电子监视。

1995 年,这种电子监视权力扩展到物理搜索,其依据为"可能原因"表明搜索目标是国外势力代理人或国外势力 。如果"可能原因"是基于场所内含有国外情报信息的事实,那么该场所须为国外势力代理人或国外势力所有、使用或占有。此外,在没有法庭指令的情况下,总统有权授权期限长达一年的监视。总统授权监视只需要证明被搜索的场所是由国外势力单独控制的,搜索不会实质性地涉及美国公民。

"9·11"事件之后,《爱国者法案》提高分享情报的能力,消除调查恐怖

---

① 关于当前美国框架的概述详见访谈 1。

② 《国外情报监视法》(Pub. L. 114-38, 50 U. S. C § 36)

③ 详见例如 Weber and Staiger, Privacy and Security in the Fight Against Terrorism, 14; Weber and Staiger, Datenüberwachung in der Schweiz und den USA, N 27 et seq.

主义的障碍,根据新技术更新法律,加强刑法法律,以赋予联邦机构预防恐怖主义所需的权力。

监视要求从"措施的'根本目的'是获取国外情报"降低为"措施的'重要的目的之一'是获取国外情报",这也有助于国外情报监视法庭批准监视措施。此外,在 2002 年,由于情报政策和审查办公室(Office of Intelligence Policy and Review,OIPR)寻求数据保护,反对将监视机构和刑事检察机构,如联邦调查局(Federal Bureau of Investigation,FBI)等机构之间可共享信息的内容删除,这就模糊了所收集的通讯信息不得用于刑事诉讼的界限。[①] 然而,这一推动只是部分成功,因为国外情报监视法庭希望能阻止这些机构成为《国外情报监视法》监控和搜查的实际合作伙伴。最终,关于是否应继续防止刑事诉讼信息共享的问题经过上诉,由国外情报监视复审庭法裁定,复审法庭推翻了国外情报监视法庭的保守立场,强调《爱国者法案》旨在加强各机构间的合作,其根本目的不是设法提高国外情报诉讼调查门槛。

自《爱国者法案》颁布以来,获得通用运营商营业记录的权限范围也扩大了,包括所有有形的事物。在任何情况下,总检察长仍须批准或拒绝为刑事诉讼而访问这些数据的申请。然而,这些申请从未提交给辩护律师,而是由法官不公开地进行单方面审查。此外,一直以来,对于法官赞成辩方的那些案件,政府都已撤销申请。

为了控制美国监视机构大量收集数据,美国颁布了《自由法案》(Freedom Act)。该法案在一定程度上取消了电话记录收集计划(尽管政府可以通过不同的法律手段继续实施)。但是,该法案依然区分元数据和通信数据,从而使政府能够继续收集元数据。如要监视这些数据内容,则需要国外情报监察法庭指令。相比之下,元数据则适用于 1978 案例的旧规定,[②]该规则认为这些信息是自愿披露的,因此不受保护。这个所谓的第三方原则已经扩展到众多的记录形式,如银行记录、信用卡使用、上网习惯及与其他企业共享的信息。在这种情况下,FBI 通常采用国家安全信函的方式收集信息,而受影响的个人不知道其信息已经被搜集。因此,短时间内不会有人在最高法院提出对这一规定的质疑。

由于缺乏对这些措施的控制,隐私倡导者鼓励人们尽可能使用加密技术。如果足够多的人使用了加密工具保护数据,美国监视机构也会对数据

---

① 有关美国监控措施的详细历史概述,详见 McAdams, 2 et seq。

② Smith v. Maryland, 442 U. S. 735 (1979).

都加密的情况无能为力。

(三)《网络安全信息共享法案》

在美国《自由法案》出台之后,监视机构和执法机构试图解决网络安全的监管漏洞。因此,《网络安全信息共享法案》(Cybersecurity Information Sharing Act,CISA)[①]于 2015 年 12 月推出并通过。[②] 该法案允许联邦机构、企业及公众之间共享公开的信息。除了政府之外,机密网络威胁信息只能分享给已获得相应安全许可的机构。

涉及信息共享规定的隐私问题尤其凸显,其中包括豁免条款。为了保护信息或信息系统而进行监控,《网络安全信息共享法案》允许企业监控其信息系统,监控在信息系统上存储、处理或转换的所有信息。这样做可以使企业在执行任务时免受私人或公共诉讼的影响。这种信息共享涵盖任何网络威胁或与包括美国国家安全局(National Security Agency,NSA)和中央情报局(Central Intelligence Agency,CIA)在内的国防部有关的信息。

考虑到目前《安全港协议》背景下与欧盟在政府准入方面的冲突,进一步扩大的数据披露可能对欧盟数据保护法的合规性提出严峻挑战。对于云计算提供商来说,新法律意味着他们必须密切监控对其基础设施的任何威胁,并将这些威胁报告给美国当局。然而,披露的风险并非基于信息本身,因为豁免权也可以包括任何商业秘密,但如果云提供商的安全赤字为人所知,消费者信心可能会受到损害。

(四)美国《自由法案》

由于美国和欧洲公众强烈抗议,反对大规模监视,国会面临着限制《爱国者法案》权力的压力。为了实现这一目标,通过了美国《自由法案》,限制了监视行为和对海量数据的收集。但是,该法案从最初的提案中被强烈淡化了,原提案对监督措施施加了更多的限制。像以前一样,最终版本的解释将通过秘密法庭程序进行,这些依然可能导致不受控制的大规模监视。

以前安装在电信计算机中的交换站仍将保留;分析师将远程而不是现场操作计算机。互联网上所有形式的数据收集,如社交媒体和其他网站,将

---

① 《网络安全信息共享法案》已通过,作为 2016 年超过 2000 页《综合拨款法》(H. R. 2029)的一部分。

② 一个主要的批评点在于《网络安全信息共享法案》是如何作为 1.1 万亿美元综合开支法案($ 1.1 Trillion Omnibus Spending Bill)的一部分悄然通过的。详见 Durden, CISA Is Now The Law: How Congress Quietly Passed The Second Patriot Act, Zero Hedge 2015, https://goo. gl/1u0J73。

继续进行。因此,《爱国者法案》和《自由法案》实质上仍然非常相似,只是收集及分析数据的方式发生了变化,而两者所规定的范围并没有差异。尽管如此,也有一些积极的变化,如增加透明度已列入法律。这些变化要求公开化《国外情报监视法》法院的全部重要意见,并提供向《国外情报监视法》复审法院和最高法院提出法律问题的程序。①

美国公民自由联盟(American Civil Liberties Union, ACLU)强调,《自由法案》规定了更好的保护措施,但保证公民自由的漫长道路才刚刚开始,因为"该法案并未触动大多数侵入式的、过度的监视权力,而对披露和透明度的重新调整只是非常轻微的调整"。②尽管美国《自由法案》已经采取了积极措施,但许多旧的《国外情报监视法》规定仍然有效。例如,要求在美国公司提供的产品中安装"后门",并在必要时可以调用的规定,仍然适用。俄勒冈州参议员、情报委员会成员、民主党人罗恩·怀邓(Ron Wyden)也表达了怀疑态度,他指出:

"这仅仅是一个开端。还有许多需要做的事情,并且有必要对联邦调查局局长要求公司在其产品中加入'后门'(backdoor)这一错误想法进行激烈讨论。需要采取措施,关闭'后门'搜索漏洞。这是《国外情报监视法》的部分内容,而这将变得越来越重要,因为随着全球通信系统开始合并,美国人的电子邮件将会被一网打尽。"③

下列有关《自由法案》的变化特别值得注意:④

第一,根据《爱国者法案》第 215 条、《国外情报监视法》中拨号记录机关的内容及国家安全密函(National Security Letter, NSL)的规定,禁止批量收集所有记录。

第二,国家安全密函规定的"不披露命令"(non-disclosure orders)只针对国家安全造成威胁或干扰调查的行为。对于个体企业而言,已建立司法程序限制"不披露命令"对企业的影响。"不披露命令"需要进行定期审查,以

---

① 2015 年美国《自由法案》(HR2048)以及美国公民自由联盟对其有效性的评论(RE: H. R. 2048)。2015 年美国《自由法案》https://goo. gl/GN4nAi. 访问日期:2017 年 1 月 1 日。

② Yuhas, NSA Reform: USA Freedom Act Passes First Surveillance Reform in Decade □ as It Happened, The Guardian 2015, https://goo. gl/KKWlL7.

③ Yuhas, NSA Reform: USA Freedom Act Passes First Surveillance Reform in Decade □ as It Happened, The Guardian 2015, https://goo. gl/KKWlL7.

④ 2015 年《美国自由法案》。

确定其必要性。①

第三,该法案在《国外情报监视法》法院设立了一个法庭之友委员会,以便就隐私权与公民自由、通信技术以及其他技术或法律事项提供帮助。

第四,《国外情报监视法》法院所有重要的法律规定或法律解释都必须公之于众。包括所有重要的"特殊选择条款"(specific selection term)定义的解释,这一概念的核心在于禁止批量收集。

第五,在《国外情报监视法》中创设了一个详细记录通话的项目,该项目由《国外情报监视法》法院密切监督。

第六,该法案弥补了现行法律中的法律漏洞,以往的情况是法律要求政府在国外恐怖分子进入美国后,停止进行追踪。该法案规定当国外恐怖分子初次进入美国时,政府有权在其进入美国后 72 小时内进行追踪(该规定不适用于美国公民),这保证了美国政府根据美国法律获得充分时间执行其权力。

第七,《国外情报监视法》规定了关于第 215 条紧急使用的新程序,该条款要求在《国外情报监视法》法院申请被拒绝时,政府必须销毁其收集的信息。

《国外情报监视法》程序规定,法院现在必须至少指定 5 名人士担任法庭之友,并且他们可以是各种公民自由团体的成员。② 这确保了这些团体、公众在《国外情报监视法》法院的其他秘密程序中享有发言权。此外,现在还必须向国会提供部分商业收购的记录。

但是,今天大约有 90% 的美国情报数据是通过开源获得的。③ 通过这些来源,信息可以通过"合法地通过请求、支付或观察的方式获得"。④ 当今时代,社交媒体网站提供了宝贵的信息来源,因为它们通过社交互动将人们彼此联系起来,从而可以批量确定嫌疑人以作进一步调查。⑤

---

① 国家安全密函是一种由美国政府签发的行政传票,签发时无须获得法庭命令,并且受"言论禁止令"(gag orders)的保护,禁止传票接收人进行任何与传票有关的讨论。因此,使用国家安全密函现已受到严格审查。国家安全密函在 2013 年和 2014 年被广泛用于对付记者,以确定谁泄露了国家安全局的文件。详见 Timm, When can the FBI use National Security Letters to Spy on Journalists? Columbia Journalism Review 2016。

② 2015 年《美国自由法》第 2 部分第 401 款。

③ Best and Cumming, 7.

④ 美国国家情报局局长办公室,情报部门指令 301(2006)。

⑤ 详见例如 Walters, Facebook's New Terms of Service: We can do Anything we Want with Your Data. Forever, Consumerist 2009, https://goo.gl/F8sIUY。

然而,美国公民自由联盟表示顾虑,认为《自由法案》在其解释中留有太多余地。因此,美国公民自由联盟主张更明确的立场、更强有力的措施,这将进一步削弱调查机关的权力。这些请求包括:①

第一,修正"特殊选择条款"的定义,以确保该规定不用来进行批量收集,如避免搜索给定区域内的所有酒店记录;

第二,加强最简化司法程序,确保及时清除根据第 215 条和公共关系条款收集的不相关信息;

第三,根据《国外情报监视法》第 702 条的规定,增加监督报告,以提高透明度;

第四,加强法庭之友条款,规定在所有重大及新发案件中任命一名辩护律师,以期加强保障隐私和公民自由;

第五,取消第 702 条"后门"搜索漏洞,禁止美国国家安全局反加密工作;

第六,删除《国外情报监视法》第 702 条中"监视目标进入美国后,扩大监视"的规定;

第七,处理其他法规规定的内容,如用于批量收集信息的行政传票法规;

第八,缩短三个即将到期规定的再授权时间。

然而,由于该法案本身已经引起了极大争议,在诸多方面作出让步,这些问题只能在后来的改革过程中处理。

(五)元数据使用

目前美国监视活动收集通信过程中的元数据。这些元数据包含的信息有呼叫位置、日期、时间和通话时长。2015 年 5 月,第二巡回上诉法院裁定这种大规模的监视超出了《爱国者法案》规定的范围,是非法行为。② 然而,公众对这种信息的价值产生了疑问,这是因为目前没有任何一项合法逮捕或反恐措施是根据这些信息实施的。然而情况恰恰相反,商业数据收集者拥有更复杂、先进的数据收集系统,仅依照元数据就可以进行更为复杂的信息收集工作。将元数据添加到这种组合中可能会进一步提高准确性,但其中的可用信息与美国反恐活动的成功无关。

---

① 关于最有争议的问题的讨论详见美国公民自由联盟官网。

② ACLU v. Clapper, Docket No 14-42 (2d Cir.), May 7, 2015.

但是,元数据也为商业企业提供了很多机会。在 2015 年,麻省理工学院(Massachusetts Institute of Technology, MIT)研究了信用卡元数据的可识别性。研究人员对 110 万人的 3 个月信用卡元数据进行了研究,研究表明 4 个时空点足以重新识别 90% 的个体。① 调查结果直击企业提出的将数据匿名化并与其他公司共享的观点。能否克服从匿名数据中获取价值与有效匿名化这一看似对立的关系,很大程度上取决于新技术和新工具的发展。个人数据保护和相关定义的重点尤其应该更多地放在对重新识别可能性的定量评估上。②

(六)大数据使用

2014 年 1 月,美国总统发起了为期 90 天的大数据调查,以确定大数据的潜在影响及其对政府的用途。③ 这次调查中,调查者承认大数据对个人造成的风险,政府可以有意无意地侵犯个人自由。不过,他们还强调了大数据为政府改善公共服务提供的巨大潜在利益,大数据也可以增强信息的透明度和信息传播的便利性。特别是在健康和能源领域,大量的数据可能是寻找治愈方法或智能电网节能的关键。

美国云提供商向美国政府提供服务,进行大数据计算,这种情况下需要配套具体的保障措施,这是因为在某些情况下,个人数据会受特定法律的制约,如《健康保险流通与责任法案》(Health Insurance Portability and Accountability Act, HIPAA)④等医疗保健立法,或《萨班斯-奥克斯利法案》(Sarbanes-Oxley Act)⑤等金融服务立法,而这些法律可能会影响数据处理权利。此外,奥巴马总统已明确表示,政府将以更高的标准收集个人数据。领导者仅仅说"相信我们,我们不会滥用收集到的数据"是还远远不够的。⑥ 政府的任务是实施适当的保护措施,推进基于数据自由流通的数字经济。数据自由流通既可以通过无监管和有限监督来实现,也可以在特定的系统内实现,该系统须以自动化和可靠方式运行,确保数据保护对数字经济和相关功能的影

① De Montjoye and others, 536 et seq.
② De Montjoye and others, 539.
③ 总统行政办公室。
④ 《健康保险流通与责任法案》(Pub. L. 104 191.)
⑤ 《萨班斯-奥克斯利法案》(116 Stat. 745.)
⑥ 白宫新闻秘书办公室。

响降至最低。①

奥巴马政府推行的开放访问的方式难以回避这样一个问题，那就是公布的数据能否识别个体，在多大程度上可识别个体。因此，云提供商受政府委托发布数据时，须始终跟进最新的反识别技术。②

四、《萨班斯-奥克斯利法案》

《萨班斯-奥克斯利法案》(Sarbanes-Oxley Act,SOX)③于2002年颁布，其目标是解决上市公司在会计方面出现的问题。该法案第302和404条广泛涉及数据保护领域。第302条款规定了以下合规要求：

第一，列出所有内部控制缺陷及信息缺陷，并报告内部员工涉及的任何欺诈行为；

第二，详细说明内部控制的重大变化或可能对内部控制产生负面影响的因素。

第404条款规定了管理层的责任，例如：

第一，建立和维护内部控制及内部过程，实施问责制，确保财务报告准确，在内部控制报告中评估财政年度的问责情况；

第二，由公共会计师事务所准备或发布年度审计证明。

乍一看来，这些要求并不完全适合数据保护的范围。然而，由多种数据形式（包括个人数据）组成的财务信息必须保持准确，实时更新，上市公司管理委员会须承担确保准确性和及时性的责任。因此，这里对个人数据的定义与欧盟的个人数据定义部分重叠。

从数据保护合规性角度来看，《萨班斯-奥克斯利法案》的既定结构可用于数据保护合规性，因为它们已经建立了通信链和通信协议。只须针对适用的数据保护框架调整问责基础架构。

五、部分州法规

在个人数据使用方面，美国各州的法律都深刻影响着网络隐私及消费

---

① 奥巴马总统于2013年5月9日签署的第13642号行政命令确立了联邦管理数据的重要新原则：下一步，各机构必须将开放性和机器可读性视为政府信息的新默认属性，同时恰如其分地保护信息的隐私性、机密性、安全性。The White House, Making Open and Machine Readable the New Default for Government Information 2013, https://obamawhitehouse.archives.gov/the-press-office/2013/05/09/executive-order-making-open-and-machine-readable-new-default-government-.

② 有关去识别的讨论，详见本书之后的内容。

③ 《萨班斯-奥克斯利法案》(Pub. L. No. 107-204, 116 Stat. 745.)

者保护。例如,《加利福尼亚州网络隐私保护法》(California Online Privacy Act,CalOPPA)①对网站个人信息收集作出了规定。规定要求显示隐私政策,明确规定访问者或用户个人数据的使用方式。重要的是,这项法律只适用于加州居民。因此,网站或服务运营商必须确保其在加利福尼亚州的网站满足《加利福尼亚州在线隐私保护法》的要求。

此外,内华达州和明尼苏达州要求互联网服务提供商对某些有关客户隐私的信息保密,除非客户允许披露信息。这两个州都禁止披露可识别个人身份的信息,但明尼苏达州也要求互联网服务提供商披露用户在线上网习惯和访问互联网站点的信息之前获得用户的许可。②

在就业方面,特拉华州法律禁止雇主监视、拦截雇佣雇员的电子邮件、互联网访问及互联网使用情况,除非雇主首先给雇员发送一次性书面或电子通知。违反该规定的民事罚款为100美元。③

第六节　国际贸易法及隐私

国际贸易法的重要性日益增加,这也增加了其对各国隐私和数据保护的影响。在讨论与欧盟和美国有关的具体国际协议之前,须先探讨多边管理服务协议——《服务贸易总协定》。

由于目前尚无将对欧盟成员国的数据保护法的异议提交给世界贸易组织(World Trade Organization,WTO)争端解决机构,因此该分析大多是假设性的。总而言之,WTO专家组及其上诉机构仅适用WTO法律,不受欧盟法院的裁决等其他裁决的约束。

一、欧盟数据保护法及《服务贸易总协定》

(一)世界贸易组织一般法律原则

《服务贸易总协定》构成了世界贸易组织框架的一部分,该框架规定了各签约国之间相互对等的基本权利。在这种情况下,欧盟《数据保护指令》

---

① 2003年《加利福尼亚州在线隐私保护法》(Cal. Bus. & Prof. Code §§ 22575-22579.)
② 《明尼苏达州法规》(§§ 325M.01 to .09);《内华达州修订法规》(§ 205.498)。
③ Del. Code § 19-7-705.

第 25 条第 6 款规定的同等数据保护水平评估的内容表明,WTO 成员是区别对待的。鉴于此种指控从未纳入 WTO 规则之下,这里必须详尽分析 WTO 裁决机构的审判规程以及相关法律问题的文献。①

美国赌博案明确指出,GATS 适用于电子服务供应,这是受欧盟《数据保护指令》最大影响的领域。② WTO/GATS 框架实施了两项基本原则,即“国民待遇”(National Treatment) 和“最惠国待遇”(Most-favored Nation treatment)。第一个 GATS 原则体现在“具体承诺时间表”(Schedule of Specific Commitents)中,以“服务自由化的积极清单”的形式体现。③ “最惠国待遇”以“消极清单”为基础发挥作用,除非成员国已经将一个产业部门排除在“最惠国待遇”原则之外,否则这些规则仍将适用。④为了在这样的规定中取得成功,成员国必须证明其服务是“相似的”,这样该成员国才不会受到比其他成员国差的待遇。⑤

对于个人数据处理而言,相似性通常不是问题,这是因为存在诸多竞争对手,可以相互参考。核心问题集中在找到其他成员国获得的“相同有利的待遇”(treatment no less favorable)。这样,竞争条件就被修改为损害另一成员国的服务提供商的利益。这种不利的待遇表现在国外和国内服务提供商之间的区别,包括正式歧视和实际歧视。⑥

根据数据传输所在国家的数据保护级别,将个人数据传输到第三国的处理方法不同。但是,欧盟《数据保护指令》及《通用数据保护条例》并不完全将数据源作为决定因素。相反,数据保护程度在于允许或禁止这种传输。事实上,上诉机构已经强调,它不会考虑数据传输措施目的及措施效果,因为没有机构可以这样做。⑦

某些法律实施措施,如欧盟委员会作出的不同程度的充分性决定,将违反“最惠国待遇”原则。特别是《隐私盾协议》这种有利于美国的行业性计划

---

① Weber, Regulatory Autonomy and Privacy Standards under the GATS, 26-47;Peng, 753 et seq. ;Drake and Kalypso, 399-437;Kuner, 24 et seq.

② 美国影响博彩和博彩服务跨境供应的措施(WT/A285/AB/R, 7 April 2005)(para 108;Peng, 760)。

③ Weber, Regulatory Autonomy and Privacy Standards under the GATS, 28.

④ Irion, Yakovleva, Bartl, 28.

⑤ Yakovleva and Irion, 191 et seq.

⑥ WTO, Appellate Body Report, European Communities-Regime for the Importation, Sale and Distribution ofBananas (Bananas III) (WT/A27/AB/R, 9 September 1997), para 234.

⑦ WTO, Appellate Body Report, EC-Banana III (note 147), para 241.

就是一个突出例子。因此,如果第三国能够证明其与美国所达到要求相符,则必须给予第三国同样的行业性协议。欧盟《通用数据保护条例》会进一步完善这一手段,明确规定评估中应考虑的因素。①

实际上,欧盟《数据保护指令》有利于设立在欧盟或欧洲经济区(European Economic Area,EEA)的服务商或提供商。欧盟《通用数据保护条例》管辖范围内的企业也可能需要遵守第三国的规定,换言之,这将构成歧视,因为相比之下,国内服务提供商则不能受到一样的优惠待遇。

(二)贸易限制措施理由

除了经济一体化区域(GATS 第 5 条)和不太可能成功实施的国内管制的权利(GATS 第 6 条)②之外,如欧盟能够证明以下情况,可以适用一般性例外情况(GATS 第 14 条):

第一,欧盟《通用数据保护条例》旨在确保遵守国家法律和法规;

第二,国家法律和法规不符合 WTO 协议;

第三,所采取的措施对于确保遵守这些国家法律和法规是必要的。

欧盟承担举证以上要素的责任,这基本上需要权衡多种因素,进行"必要性"测试。③ 通常而言,起诉方要力图表明减少交易限制措施是"合理而可达成的"。但是,在评估其他措施是否合理时,则需要考虑技术难度和成本。④

此外,GATS 第 14 条的起首部分也必须遵守,其中规定,该措施"在类似条件普遍存在的国家之间,不构成任意或不合理的歧视手段或对服务贸易进行变相限制"。为了确保法律执行的一致性,这一公开性规定是适用的。一般而言,WTO 争端解决机构的实践表明 WTO 争端解决机构在不倾向于适用可被自由理解的起首部分。

欧盟《数据保护指令》及后来的欧盟《通用数据保护条例》这两部法律本身与 GATS 并不一致,这样就可能引发一般性例外情况,因为协议的要点只与第三国数据保护充分性的决定有关。⑤ 相反的,关注的焦点应在于,充分

---

① 欧盟《通用数据保护条例》第 45 条。

② Weber, Regulatory Autonomy and Privacy Standards under the GATS, 29 and 35 et seq.

③ WTO, Panel Report, Argentina-Financial Services (WT/A453/R, 30 September 2015), para. 7.684.

④ WTO, Panel Report, Argentina-Financial Services (WT/A453/R, 30 September2015), para. 7.729. 详见世贸组织上诉机构报告中《关于影响跨境提供赌博和博彩服务的美国措施的决定》(WT/A285/AB/R, 7 April 2005; para 351)。

⑤ Weber, Regulatory Autonomy and Privacy Standards under the GATS, 39 et seq.

性的决定旨在确保遵守欧盟数据保护法的原则,而不是为了区别对待不同的服务和服务提供商。因此,必要性测试的重点是,在起首部分的范围之内,法律是否有必要存在以确保合规性。[①]

实际上,《安全港协议》框架难以符合欧盟数据保护法,而这一事实也将作为一个平衡性要素,纳入必要性测试。《安全港协议》削弱了欧盟数据保护法的优势,因此也削弱了为确保符合欧盟数据保护法的原则而采取该协议是必要的观点。鉴于欧盟法院已宣布《安全港协议》失效,《隐私盾协议》现又面临挑战,这一点尤其重要。

评估的另一个关键问题是,欧盟数据保护法具有最具体的保护措施,这意味着诉讼方可以证明还有其他限制性较少的措施可用,这将削弱欧盟的立场。而且,第三国传输条款适用性不一致的情况会违反起首部分内容,如第三国被拒绝使用《隐私盾协议》所规定的框架。此外,第三国国家安全措施会影响充分性评估,相反,即使一些欧盟成员国有类似的监视权,欧盟地区也不会出现类似的情况。

而在最不利的情况下,WTO 可能会发现第三国的数据传输规定与 GATS 不一致,并因此要求欧盟对此修改这些规定。但是,欧盟《数据保护指令》或《通用数据保护条例》对其他所有的规定仍然有效。

二、隐私相关的多边和区域贸易协议

一些国家对隐私十分敏感,因为他们的服务业受到其他国家隐私标准的严重影响。例如,当甲国一个行业——如医疗保健业——的数据保护程度比乙国法律中的标准高得多时,乙国服务提供商将无法进甲国市场,因为服务商达不到处理健康数据或将数据转移到国外的最低要求。市场准入需要他们采取额外措施来达到目标市场的标准,在此过程中往往会产生巨大的成本。

自由贸易协定超越了关税及贸易总协定(General Agreement on Tariffs and Trade,GATT)或 GATS 关于特定领域的基本贸易自由化程度。自斯诺登事件以来,隐私保护是欧盟特别重视的主题。公众对《跨大西洋贸易与投资伙伴关系》(Transatlantic Trade and Investment Partnership,TTIP)文件的强烈抗议就证明了这一点,这表明欧盟并未采取适当行动来确保数据保护措施的实施。

《综合性经济贸易协议》(Comprehensive Economic and Trade Agreement,

---

① Peng, 766 et seq.

CETA)及《跨大西洋贸易与投资伙伴关系》都将电子商务作为一个新领域,在该领域市场可以进一步自由化。未来的贸易协议直接承认隐私和数据保护,将其作为一项重要的公共政策目标和激励国际贸易的必要条件。①例如,根据《综合性经济贸易协议》第16条第4款"电子商务的信任和信心"规定,各方应采用或维护法律、法规或行政措施,保护从事电子商务的用户的个人信息。②

在《服务贸易协议》(Trade in Services Agreement,TiSA)③和《跨大西洋贸易与投资伙伴关系》④的谈判中提出了类似的规定。只要这些规定不属于具有约束力的要求的,如规定为"必要"或"无歧视性"的,这些措施不应该视作通过国际贸易法来协调隐私和数据保护的法规。但是,这些规定确认了对国际服务贸易的日益增加的保护。⑤

在欧洲以外,最近《跨太平洋伙伴关系协议》(Trans-Pacific Partnership Agreement,TPP)表明了目前美国在数据流通的立场,该协议广泛涉及电子服务领域。此外,根据该协议第14条第11款第3项规定,限制个人数据输出的例外情况必须符合以下4项要求。这些要求包括:

第一,公共政策目标合法;

第二,不存在任意或不公正的歧视;

第三,没有变相的贸易限制;

第四,没有比实现法律目标所需的更大的限制。⑥

与其他国际条约相比,该协议将举证责任限定在执行法律的国家上。由于这些要求的解释具有不可预测性,例外情况很难获得批准。因此,国际立法可能会对当地的数据保护法律产生严重的影响,必须深思熟虑,也就是说,为了获得经济利益,(部分)基本权利通常会被讨价还价。但是,美国新政府趋向脱离这种国际协议,这一点从美国退出《跨太平洋伙伴关系协议》就可以看出。那么,在未来一段时间内很可能不会有新的有关数据流通问题的多边协议通过。

---

① Wunsch-Vincent, 520.

② CETA, Version reviewed by Canadian Government and the European Commission, http://trade. ec. europa. eu/doclib/docs/2014/september/tradoc_152806. pdf.

③ TiSA, Annex on Electronic Commerce (WikiLeaks, 2015) https://wikileaks. org/tisa/ecommerce/TiSA% 20Annex% 20on% 20Electronic% 20Commerce. pdf.

④ TTIP, EU's proposal for a text on trade in services, investment and e-commerce (2015) < http://trade. ec. europa. eu/doclib/docs/2015/july/tradoc_153669. pdf >.

⑤ Yakovleva and Irion, 28.

⑥ 《跨太平洋伙伴关系协议》第14条第3款。

第三章
数据保护环境的实践

▌第一节　数据保护及安全挑战的行业反馈

一、访谈设计

　　加利福尼亚州大量的云领域专业人士(包括法律和技术专业人士)都曾接受过在数据保护方面经历的采访,特别是关于欧盟法律对其业务运作和整个行业影响的采访。下文将分析这些采访的结果,并围绕欧盟《通用数据保护条例》,重点讨论关键问题。

　　由于不同从业者面临的挑战各不相同,分析首先突出强调了新兴企业要面临的特殊数据保护问题,随后,探讨了企业对企业(Business-to-Business,B2B)大型承包,这是云市场份额的重要部分。最后,重点放在企业对客户(Business-to-Customer,B2C)方面,关注针对欧盟消费者的产品。基于这一分析,进一步确定了研究的关键问题。

　　本访谈涉及云服务中数据保护的一般看法,如数据保护与安全方面的重要性、减轻风险的措施,客户需求及欧盟数据保护法意识。由于诉讼和集体诉讼是美国法律中的一个重要话题,因此在探讨合同谈判风险转移时,也对这些因素进行简要讨论。

　　一般来说,设立在美国的云企业,包括许多提供 SaaS 解决方案的提供商,都知道欧盟数据保护法规定的高标准。大多数提供商选择实施合同工具,如将欧盟标准合同条款纳入其合同框架。这些较大的提供商通常具有一定商业成熟度,可以采取措施持续负担合规义务。此外,数据保护也被视为数据安全问题,需要采取技术及程序保障等安全机制。所有受访提供商都根据其数据性质采取了适当的安全措施。尽管如此,他们都意识到违反数据安全可能导致风险。

　　SaaS 提供商的主要产品是软件,这引入了许多与兼容性、更新及其他安全方面相关的未知风险,而这些风险可能在未来才会出现。所有提供商要着重考虑这些风险并尽可能地减少这些风险。然而,毫无故障的安全软件只是天方夜谭。相反,新兴企业会选择这样一种方法,即启动服务并在客户对其功能和风险进行初始评估后再进行调整。在此背景下,基础架构由亚马逊网络服务系统(Amazon Web Services,AWS)独家提供,亚马逊网络服务是全球众多服务器中心 IaaS 云市场领导者。这确保了维护服务安全的基本技术措施达到最高标准,其中包括这些服务器中心所需的所有必要认证。

因此,软件的风险在于其编程和配置。所有提供 B2B 服务的云企业都强调,他们处理的数据非常敏感,因此他们选择只在私有云中进行处理。当数据不太敏感时,他们更愿意使用混合云,但也会寻求额外的保险及技术保障。由于虚拟进程的黑客攻击被证明是可能的,因此在没有进一步技术保障时,选择混合云似乎并不明智。

二、云趋势及挑战

21 世纪初,云计算系统发展迅猛。已经出现了许多云提供商提供基本的基础设施即服务(Infrastructure as a Service,IaaS),大量云提供商已经在此之上开展业务。目前 IaaS 市场由亚马逊网络服务系统、微软智能云(Microsoft Azure)及 Rackspace 主导。他们为特定的云业务提供服务。例如,Rackspace 是需要复杂硬件进行处理操作的首选云提供商,而 AWS 和 Microsoft Azure 则提供一个更为标准化且易于操作的云环境。

公司一方面通过技术提升效率,另一方面希望通过技术降低运营成本。为了实现这一目标,他们需要灵活配置服务,因为云端是一个非常复杂的结构,它的价格结构极易波动,需要根据客户需求进行调整。

(一)云服务简介

云产业景观非常多元化。它由 IaaS 提供商和 SaaS 提供商构成,IaaS 提供商为其他云服务提供硬件资源,SaaS 提供商提供在 IaaS 云上运行的新颖的软件解决方案。另外,新的云服务形式正不断开发。其中一些云服务充当中介工具,为没有技术的企业或不想花费资金在 IaaS 上实现软件运行完整环境的企业提供基于 IaaS 的云平台。提供这种服务的云提供商被称为平台即服务(Platform as a Service,PaaS)提供商。这些提供商提供了基础软件平台,弥补了这一差距,SaaS 供应商只需在此基础上安装其服务,而无须顾虑管理 IaaS 云底层结构。

（二）云成本

过去几年，云市场的发展趋势已经转移到了更综合性的服务上，这些服务提供了一整套工具，扩展到业务运营各个方面。此外，主要 IaaS 云提供商已在各地区建立服务器中心，其中包括针对欧盟的特殊服务。以往区域服务之间存在的价格差异已不再起重要作用，这是由于大多数大型 IaaS 客户签订的是云企业协议，云企业协议在计算云成本时并不考虑云服务的所在位置。①

然而对于小型客户来说，地区服务更加昂贵，因为维护欧盟服务器中心的成本更高。对于小型数据处理服务而言，北弗吉尼亚州的价格比爱尔兰的价格低 5% 到 10%。② 如果在美国西海岸进行处理数据，则价格甚至高于爱尔兰。这些例子说明了定价及客户的选择范围对数据处理位置的影响程度。特别是，当服务供应不依赖于实现最快捷的可用性时提供最便宜服务的位置将会成为首选。

（三）云延迟

时间延迟当然也是影响云计算的一个因素。延迟是指数据被处理并返回给传送器所需的时间。云端跨区域转移数据十分便捷，这可以使 SaaS 提供商将数据存储在用户当前所在的区域，以改善用户体验，从而实现对数据的更快访问。这个处理过程叫作"分片技术"（sharding）。

但是，若如此操作，这些数据可能会受到欧盟数据保护法的约束，而一旦个人客户返回其在欧盟之外的国家，将这些数据转移到欧盟以外的国家就需要再次获得许可。③

此外，任何新服务都会涉及云延迟，如自动驾驶及其他需要实时通信才能正常工作的工具。在这些情况下，服务器必须位于提供服务的所在地区。否则，时间延迟会过长。因此，限制数据自由跨境的数据保护法会对新技术施加重大阻碍，诸如自动设备、大数据、物联网等。

（四）个人数据识别

一些云提供商处理识别个人数据及数据的时间与位置的问题。实质上，这些企业只能依靠其客户的登录凭证来确定个人用户身份，从而确定适

① 见附录访谈 3。

② 详见 Amazon Inc. Amazon。

③ 欧盟《通用数据保护条例》是指欧盟人员因此将法律适用于欧盟境内的非居住地。

用何种法律。然而,IP 地址并不能很好地预测位置,因为它们可以通过使用虚拟专用网络(Virtual Private Networks,VPN)的方式进行更改。使用 VPN 隧道逐渐访问媒体内容现已越来越广泛,否则访问某个区域的媒体内容会被阻止。特别是对于小型 SaaS 提供商而言,这些识别要求很难达成,因为它们的成本往往很高。[①]

然而,目前采用人工智能新技术,可以确定通过路由器传输的数据是否符合欧盟《通用数据保护条例》规定的可识别性的定义。如果数据确实允许个人身份识别,那么该技术会在数据进入服务器之前自动替换数据中的识别因素,然后将替换变量与数据分开存储在数据处理器无法访问的安全服务器中。虽然这种处理完全符合欧盟数据保护法的要求,但在对数据进行这种处理操作之后,数据是否仍然具有价值,数据能否再识别,仍有待观察。

(五)安全风险

云安全已成为关乎该项技术未来的核心话题。云风险主要在于防范用户账户被劫持,因为用户账户允许一方访问几乎所有的系统。双因素身份验证现在是云环境中的常见规范,因为它确保工作人员不仅可以通过其正在使用的设备进行识别,还可以通过唯一的令牌(密钥)进行识别。[②]

从安全角度来看,大多数云提供商正在采取众多措施来确保其系统的完整性和弹性。大型 IaaS 提供商已经提供工具和技术来确保高级别的保护。提供商及其客户会监控访问情况,以便识别对其云环境的拒绝服务(Denial of Service,DoS)攻击和其他威胁。此外,精密软件会监控和限制云客户的行为,以确保客户不会影响基础架构的核心功能。

三、新兴企业的特有挑战

新兴企业在头几年自然遇到很多挑战。这些挑战包括财务、组织和监管等诸多因素,这通常对企业的未来构成威胁,必须进行相应处理。

(一)新兴企业的主要挑战

目前,美国商业部门出现一个巨大趋势,即让提供辅助业务服务的云(新兴)提供商参与到云端。这些服务范围广泛包括娱乐平台和工具调度、复杂文件审查系统等。然而,大多数这种企业缺乏(财力及人力)资源,这就

---

① 见附录访谈 2。
② 见附录访谈 11。

是为什么他们需要集中精力用手头资源实现具体任务,这对于企业的进一步可持续性发展至关重要。

　　基于这些限制,数据保护已不再是主要问题,尽管数据保护对服务产品的一般安全性有影响。首先要考虑的是提供最低限度的、切实可行的服务,将其出售给客户,创造收入,以保持进一步增长,吸引投资。此外,任何企业增长都需要保留熟练的劳动力。只要新兴企业没有处理任何受特定法律(如财务或健康数据)管理的特殊数据,那么任何数据保护和隐私措施都不会列入优先事项清单。

　　大多数企业使用 AWS 或 Microsoft Azure 作为其云服务提供的基本云平台。这样已经创建了一个最基本的数据安全标准,因为这些云基础设施提供商已经使用了精密的系统来确保其服务器中心的安全性和完整性,从而直接惠及他们的客户。这些服务使年轻企业将重点放在软件开发和获取客户上。

　　然而,正如对新兴企业和咨询公司的员工的访谈所表明的那样,一些企业,特别是商业公司,试图确保提供的服务符合特定的标准。大多数这些标准可以通过 IaaS 提供商来满足。但在某些情况下,需要采取进一步的保障措施。这些可以采用合同或技术的保障形式,进而推动数据保护完善。

　　(二)进入欧盟市场

　　一旦设立在美国的 SaaS 新兴企业决定进入欧盟市场,数据隔离至关重要,将欧盟和其他数据分开保存以便达到合规目的。对于云计算新兴企业而言,由 AWS 等大型公司提供的云环境非常重要,因为这样的云环境提供了一个安全的基础架构,供新兴企业开发其产品,以有限的成本扩展业务。[①]

　　选择合适的云提供商似乎并不是主要问题,因为亚马逊公司主导了市场,而微软公司紧随其后。当涉及私有云架构时,Rackspace 则是首选提供商。[②] 关于隐私问题,他们的服务产品和系统基本上是相似的。此外,他们都使用企业协议,根据使用情况向客户收费。特别是,亚马逊网络服务系统和微软智能云拥有区域性(通常为四到五个,如美国、欧盟、亚洲)服务。因此,数据传输可以限制在其中一个区域的数据中心。

　　---

① 　见附录访谈 2。
② 　见附录访谈 5。

四、专门部门的健康数据处理

健康数据是一个非常特殊的数据类别,需要遵守许多保护规定。首先,数据保护法将健康数据作为个人数据进行保护,欧盟《通用数据保护条例》将其作为敏感数据,并施以更高的标准。另外,根据欧盟成员国法律,医疗保健法律,如《健康保险流通与责任法案》,限制处理此类数据的能力。此外,在有安全漏洞的情况下,信用卡或财务信息通常会被盗用,任何可能造成的潜在损害都是未知的。这就是为什么法院不愿意给予信用监督服务以外的任何形式的赔偿,因为信用监督服务不会对信用记录或欺诈行为造成直接损害。

因此,任何云专业人员首先要了解现有法律如何适用于云业务模式。这包括达到所需安全级别的目标方法,而专业合规人员和 IT 安全专家有不同的目标方法。

各种不同法律都影响云提供商及其他服务提供商实施安全措施的义务。① 然而,这些法律大多数涉及特定类型的数据,如财务或健康数据,并受其他的法律管辖。在金融领域,《格雷姆-里奇-比利雷法案》(Gramm-Leach-Bliley Act, GLBA)是最重要的金融法规之一,该法案也涉及信息隐私的问题。这包括监督服务提供商的义务,服务提供商通常包括云提供商。因此,当选择云提供商或其他服务提供商时,金融企业必须确保提供商能够实施适当的保护措施,其中包括合同权利和义务。但是,只有采取合理的措施才能确保服务提供商的安全。② 这也主要取决于特定的服务情况。尽管如此,为了达到更广泛地使用此类技术所需的市场确定性,重视监控能力或影响云提供商的能力应该得到明确说明。

云端处理或存储的健康数据也存在类似的风险。设立在美国的企业必须遵守《健康保险流通与责任法案》及其之后的《经济和临床健康信息技术法》(Health Information Technology for Economic and Clinical Health Act, HITECH)。③ 这些法律与金融法规类似,要求企业采取一定措施以符合法律要求。在这种情况下,如遇审计,措施的合理性及其保护健康信息的适当性

---

① 如金融市场监管、消费者保护、数据保护及通信法。

② 《联邦贸易委员会客户信息保护标准》[16 C. F. R. § 314.4(d)(1)]。

③ 1996 年《健康保险流通与责任法案》(Pub. L. 104-191, 110 Stat. 1936);《卫生信息技术促进经济和临床健康法》(42 U. S. C. § § 17931-40 (2011)。

将再次受到评估。然而,这还包括一些具体措施,如定期风险分析、指定唯一用户名、针对事故或威胁采取措施。[①] 特别重要的是,企业将数据转移到云中时,对其服务提供商的违规行为负责。

《健康保险流通与责任法案》的合规成本非常高,这就是为什么微软公司和其他云提供商会提供包含合规云服务的特定服务和合同。例如,微软健康云(Microsoft HealthVault)要求签署商业伙伴协议,以确保数据只能按照《健康保险流通与责任法案》的规定进行使用或披露。无论如何,无论分包商还是公司自己引起了违规,都必须立即采取措施进行纠正。在与联邦政府签订合同时,云提供商必须授予进入检查场所的权利。但是这是否适用于(在多层云端中)分包商下面的分包商尚不清楚。

鉴于各种新技术的复杂性,这些法律须进一步修改,明确规则,从而使服务提供商能够了解其义务以及履行义务的方式。然而,由于这个过程非常缓慢且缺乏灵活性,创新产业已经开始实施自己的行为准则,这是一种自律机制,其目的是确保当该行业以某种方式将法律适用于新技术时,政府以相同的方式解释同一法律。[②]

在合同终止后,向客户和正处理数据的人员通告其权利和义务,提供透明度十分重要,这也是立法者力图实现的目标。有了这些信息,服务提供商还可以更好地评估他们的合规情况,并规划履行法律目标的途径。

▍第二节 云端企业对企业

一、发展现状

(一)新技术

云应用程序广泛用于企业对企业环境。在过去5年中,出现了大量新服务提供商,旨在提高业务运营效率。一般来说,在这种情况下,缔约方在云服务及其需求方面具有很高的专业性。他们能够了解通过云服务提供的国

---

① 《卫生信息技术促进经济和临床健康法》(45 C. F. R. § 164. 308-312)。

② 例如,信用卡行业在云计算环境中发布了自己的数据安全指南,详见 <https://www.pcise-curitystandarA. org/document_library>。

际数据流,以及了解减轻风险的可能性,这些风险会影响合法合规性以及系统安全性和完整性。①

在 B2B 背景下,SaaS 提供商通常会与 IaaS 提供商达成协议,协议包括允许其在特定区域的服务器中心之间转移数据的条款。这包括基础设施去耦和所有合同约定管辖区域映射。②

此外,大多数企业选择使用私有云服务,因为混合云服务仍然存在较大风险。混合云端提供的工具往往非常有效,如可用于管理项目。但是,风险在于将这些工具与内部通信工具(如 Slack)等其他软件相结合时,会增加披露个人或机密数据的不利风险。这些工具也可以用来破坏其他安全系统。③

尽管 SaaS 中的所有参与者都希望确保安全性,但易于访问和保障安全之间的矛盾仍然难以解决。因此,创新性工具往往很难被采纳,因为它们会对现有的基础设施和业务运营造成风险。

(二)合同创新

与各种云提供商打交道时,管理子处理器之间的信任级别是核心问题。这包括定期审核业务合作伙伴的运营情况和合同要求,确保他们与其各自的提供商操作一致。④

在合同中使用更明确的数据安全条款是数据保护的一个趋势。其中包括以列表形式呈现的关于安全需求的详细描述,以及数据泄露情况的分类和定义。这种明确的条款是必要的,因为数据泄露的性质可能非常复杂并涉及众多参与者。与欧盟不同,美国的风险分配体系更依赖于商业惯例而不是法律。

然而,尽管许多客户试图为规避数据安全泄露尝试新方法,但小型 SaaS 提供商不愿意或无法承担这种风险。因此,创新性方法也被用来解决数据安全泄露的有限责任。

这些方法试图引入与数据安全泄露相同的责任,即因向未知第三方披露机密信息而违反信任条款而提出索赔。⑤ 在大多数情况下,违反保密条款没有责任上限,这考虑到这个"后门"会引入无限的数据违规责任。应对这

---

① 有关可用云服务的概述,详见第一章第二节。
② 见附录访谈 3。
③ 见附录访谈 6。
④ 见附录访谈 4。
⑤ 见附录访谈 6。

种情况的唯一方法是建立一个大型附录,附录规定了引起数据泄露或违反保密条款的情形。一旦确定了这些规定,双方就可以就责任上限达成一致。

(三)云提供商面临的挑战

云提供商和商业客户都经常需要外部专家,外部专家可以确保其基础架构和软件的安全性,能够抵御任何外部和内部威胁。在过去10年中,一些显著安全趋势呈现这样的变化,为了限制潜在的数据丢失的风险,更多地使用加密技术及跨辖区数据"分片技术"。此外,政府访问方式以及实现互联网个人跟踪(所谓的"shadows")的能力发生了显著的变化。[①]

斯诺登事件后,互联网企业渐渐通过加密技术,回绝政府机构的数据请求,以增强数据保护。在用户方面,诸如虚拟专用网络等具有级联功能的技术,允许用户模糊自身位置,加密其通信。

这些措施都为互联网上数据提供保护,这些保护措施是过去10年见证的最高级别保护。人们越发意识到以未加密的方式传递数据的风险,这导致对所有互联网服务领域的安全服务需求增加。

(四)业务咨询趋势

大部分IT咨询工作是在B2B环境中完成的,而不是在B2C业务中完成的。特别是,医疗保健和金融服务法律的具体合规义务对小型公司影响重大。这是云计算盈利最多的领域。现在云计算新兴企业可以解决各种需要符合法律要求的环境及安全问题。例如,移动设备、云服务器和笔记本电脑可在不同的环境中运行。

Vault是一款为所有平台提供云环境的软件,该软件可以进行安全测试,也更符合《健康保险流通与责任法案》及其他法律的合规要求。

(五)跨大西洋云数据中心

数据中心主要受三个因素的影响,包括运行服务中心的成本、时间延迟以及当地法律。在欧盟,云提供商经常选择阿姆斯特丹作为服务器的地点,这是由于阿姆斯特丹的法律有利于云计算,并且其连接速度也非常理想。瑞士也符合这一点,因为其具有良好的通信基础设施。但是瑞士的成本要高于大多数欧盟国家。此外,仅处理欧盟数据,数据冗余及数据可得性将受到限制,而当数据在欧盟以外访问时,时间延迟预计也会增加。目前大多数

---

① 见附录访谈10。

设立在美国的提供商选择将他们的数据归类为非欧盟数据和欧盟数据,这是由于目前欧盟数据保护法设置了最多的限制。

数据中心提供商甚至已经进行了水下数据中心测试,因为海水解决了大部分冷却需求,水下数据中心只须很少的电力。理论上而言,这些数据中心可以放置在任何海岸线附近,这同样会引发管辖权问题。随着技术的发展,自欧盟《通用数据保护条例》之始,数据保护法规正在慢慢扩大域外覆盖范围,欧盟《通用数据保护条例》将任何向欧盟自然人提供商品或提供服务的企业都置于高数据保护标准之下。

二、辅助商业服务

大多数设立在美国的公司已经采取了一定策略,即关注其核心业务,从第三方提供商获得所有辅助工具和服务。这使他们能够专注于自己的产品或服务。通常情况下,其他提供商已经能够提供相应的软件模块,否则开发这些软件将会花费大量资金。对于许多 SaaS 应用程序而言,翻译工具就是一个很好的例子。①

(一)软件即服务人力资源工具

随着员工的期望增加,管理公司的人力资源已经变得越来越难。为了确保较高的员工保留率,公司必须使用最新的人力资源软件。这包括人力资源云工具,如"Cornerstone"产品,该产品可以将选择面试者、入职以及薪酬管理等所有步骤在云中执行。有了这些系统,可以处理大量的个人数据,包括财务、种族以及其他敏感信息。

由于这类系统的大多数客户是大型跨国企业,这些企业需要依靠这些工具有效管理其国际员工,因此跨境数据传输往往是必要的。例如,当一家跨国公司的欧盟子公司在云端管理其员工数据时,此信息总是会在某个时间内转移到美国的云提供商。大多数情况下,这些转移是根据欧盟《数据保护指令》的标准合同条款例外进行的,因为它们易于实施,并为提供商以及富有经验的业务客户所了解。

一般来说,云提供商将为客户提供多个数据处理位置。这些数据处理位置也反映了世界现行数据保护法的分布发展情况,分为美国、欧盟和其他国家。提供辅助服务的惯常操作是,确定数据处理的区域(如欧盟),进而根

---

① 见附录访谈 8。

据该区域的数据保护法的规定确定可以提供充分数据保护的具体国家。例如,作为辅助服务的客户支持热线可以设立于以色列(以色列被认为具备适当数据保护标准的国家)等国家,这些国家更接近当地客户所在的时区。选择欧盟作为数据处理地点,往往被认为是出于政治和销售的问题,因为无论数据是在美国云端还是欧盟云端上进行处理,都没有任何技术差异。当在欧盟处理数据时,云提供商受到相同的合同义务约束。[1]

但是,由于美国的监视法允许访问美国数据以及美国《存储通信法案》(Stored Communication Act,SCA)[2]的地域限制,美国的公共访问权利与欧盟依然存在巨大差异。这些限制是由于《存储通信法案》的规定内容已经落伍于时代的发展,《存储通信法案》仍然停留于点对点数据传输的假设以及任意区分通信存储持续时间。

因此,当数据存储在欧盟时,美国公共机构通过美国法院指令访问数据通常更安全。大多数大型 SaaS 提供商已经根据《爱国者法案》评估了数据泄露的风险,并确定风险相当低。[3]

目前,这些提供商通过欧盟《通用数据保护条例》《隐私盾协议》密切关注欧盟以及英国脱欧的情况。无论如何,供应商向欧盟客户保证,准备采取所有必要的步骤来遵守欧盟数据保护法,即使这意味着将数据从英国数据中心转移到其他欧盟国家。

由于人力资源环境中使用的数据也包含敏感的个人数据,所以受访的云提供商选择了自己的专用服务器(与其他服务器分开),这些服务器由第三方承包商(如亚马逊网络服务系统)提供。SaaS 提供商还通过合同确保 IaaS 提供商拥有某些安全认证,如国际标准化组织(International Organization for Standardization,ISO)27000 认证[4]、社会安全管理局认证以及其他相关的美国和欧盟认证。此外,因为系统不需要改进功能,即使是编码人员也无法访问正在处理的数据。数据访问情况将会被详细记录,而且只有一定数量的员工才有权限。总而言之,这些提供商将所有数据视为个人数据,以避免任何疏漏。[5]

---

① 见附录访谈 1。

② 《存储通信法案》(Publishers Communications ActPub. L. 99-508)。

③ 见附录访谈 1。

④ ISO / IEC 27001 正式规定了一个旨在使信息安全受明确管理控制的管理体系。正式规范意味着它需要具体的要求。因此声称采用 ISO / IEC 27001 的组织可以正式审核并经认证符合标准。

⑤ 见附录访谈 1。

在大多数 SaaS 环境中,持续并定期评估数据保护风险已经司空见惯。通常情况下会建立一个数据保护组织,这个组织由来自 IT、法律和管理层的员工组成,他们定期聚会讨论与数据保护、隐私和安全相关的潜在威胁方面的问题。此外,在实施新方案之前,IT 及管理团队将针对这些因素对其进行风险评估。①

(二)软件即服务应用程序监控

数以万计的应用程序使企业实现了沟通、评估、营销及管理运营。这些工具都在云端运行,但是由于各种各样的原因,在任何时刻都有可能发生故障。因此,为了尽快发现问题,以 SaaS 应用程序进行监控,是降低风险、解决可能出现的任何系统故障的基本要素。AppDynamics 是提供这项服务最成功的云提供商之一,其向许多不同的服务行业提供服务,其中包括银行业、保险业、零售业和批发业。该服务可以根据客户的希望提供两种解决方案,即在亚马逊网络服务系统云中进行内部或外部托管。

监控系统利用所谓代理跟踪进程,如一个 Java 引擎,并将有关该进程的信息报告给中央服务器。如果客户选择在其所有流程中使用这些代理,则应用程序提供商可以端对端地监控整个基础架构端的性能。由于此服务不涉及流程内容,因此提供商无须访问该服务。这也是系统设计中的一个重要因素,专注提供服务,避免不必要的访问带来的风险。服务提供商甚至用合同规定其客户不允许其以访问数据的方式设计该应用程序。提供商接收的最隐私的数据是用户的 IP 地址,提供商可从中获取某些信息,如计算机的位置。

除了主进程监视工具之外,另一项直接分析日志文件的服务也可能会处理个人数据。此工具会挖掘日志文件的信息进行分析,以便确定可能在使用服务时出现的问题。这些日志可以包含大量的数据,这取决于客户如何设计他们的软件。因此,为了限制风险,合同中禁止客户将个人数据或其他敏感数据存储在这些文件中。此外,如果这些数据已经包含在内,客户将承担与软件提供商挖掘该数据相关的所有风险。从提供商的角度来看,他们的工程师确保客户只访问数据行为而不包含其他信息。

欧盟子公司必须根据严格的程序清单,进行隐私保护审计,这些程序符合欧盟数据保护协议和公司自身内部标准。当云提供商服务外包给第三方

---

① 见附录访谈 1。

时,则有详细的"剧本"规定这一进程,其中包括决策进程、要收集的数据及数据来源。这通常包括讨论承包方是否为欧盟数据保护法律规定的控制者或处理者。当签约方的最终性质模糊时,公司通常会选择承包方作为处理者,因为它承担比控制者更少的义务。[①] 但是,根据欧盟《通用数据保护条例》的规定,处理者的义务也会增加。[②]

(三)云端客户至上

确保所有客户的满意是业务成功的关键因素。为了在网络世界实现客户至上(customer success),就需要深入了解客户的需求和问题,而这需要收集和处理大量的数据。以前的客户服务是被动的,这意味着公司只有在客户提出问题后才会解决问题。今天,服务提供商努力通过提供灵活的解决方案来更主动地满足其客户的需求。

为了提高客户满意度并提供量身定制的服务,复杂的数据分析十分必要。这包括不同来源的数据,这些来源包括赛福时(Salesforce)、账单记录、通信协议和日志文件。云提供商能够将这些数据复制到云端,并预测哪个客户需要什么样的关注。例如,根据客户的需求向客户提供量身定制的服务解决方案,可以增加客户保留率。此外,可以整合动态定价,通过向上销售或交叉销售产品和服务,来增加收入。

这些创新技术的使用受到欧盟数据保护法的阻碍,法律对个人数据处理和向美国云端转移数据提出了严格要求。因此,潜在的解决方案是对正在被转移的数据进行伪匿名化(pseudonymization)处理。伪匿名化的数据可以通过添加信息的方式恢复到原始状态,一旦方案确定下来,客户会重新标识数据适用的人。

但是,欧盟《通用数据保护条例》的合规性要求对任何大数据分析的创新形式都施以重压,这是由于大数据可以识别个人信息,即使使用匿名数据也是如此,因为大量数据可以被合并和分析,用来确定以前未知的模式。基于这些模式,重新识别个人将成为可能。

例如,物联网设备收集有关个人行为模式的信息。在美国,只要客户同意购买设备或接受下载的应用程序中包含服务条款(Terms of Service,ToS),这些有关个人行为模式数据就可以被自由的处理,用来监控或管理物联网

---

① 见附录访谈7。
② 欧盟《通用数据保护条例》第12条及其后续条例。

设备。在欧盟,这些数据可能会被视为个人数据,因为它可能间接识别个人数据。然而,目前技术和法律环境尚处于起步阶段。因此,此类服务的提供商只能尽可能详细地向客户介绍收集和处理物联网数据所涉及的风险,及其可能侵犯隐私的情况。[①] 确保数据访问安全,特别是来自各种设备的汇总数据,是数据控制者的关键任务。这一点必须认真对待,因为数据泄露不仅会对个人产生严重影响,还会对互联网骨干网的完整性和安全性产生严重影响。[②]

特别是,数据处理必须遵守 2002/58/EC 第 5 条第 3 款指令中的同意和通知要求,法条规定在获得有关处理目的的清楚、全面的信息之后,需要同意。

(四)软件即服务的法律服务与搜索

过去几年,出现了一些新的服务提供商,这些提供商提供创新型 SaaS,该服务允许用户在云端管理和存储法律文件,并以项目为基础雇用专业律师。此外,云端还提供了新的电子搜索工具。

1. 软件即服务律师工具

越来越多国际企业使用了的新 SaaS 工具以提高法律程序的效率。这些系统通常处理多种多样的数据,这些数据包括高效计费数据、系统管理数据以及客户上传的数据。然而,这必然包括当事人以及文件性质的信息。通过这些信息,可以为客户生成统计数据,以显示需要签订哪种法律服务,或者完成某项任务的均价。

为了向客户提供完整的服务,会对文档的元数据进行一定程度的分析,这是所提供服务的一部分。这也使得 SaaS 提供商能够编制一份清单,清单包含业务合作伙伴推荐的特定交易类型数量。此外,文件的平均周转时间以及保管比例会被确定,以便改进客户的商业运营情况。

公司在任何时候都不希望或寻求访问正在交换的文件,因为这不是服务所必须提供的内容,这只会诱使员工通过这些信息获利,从而增加业务风险。

根据安全要求,这些 SaaS 产品通常运行在安全可靠的 AWS 云上。关于数据保护,安全问题和潜在的数据泄露是企业的主要关注点,因为软件所传

---

① 第 29 条数据保护工作组,《数据保护指令》第 29 条规定了该工作组的组建方式及目标。
② 大华科技的相机软件遭到黑客攻击,随后被设定为僵尸网络(botnet),用于攻击一家第一级互联网服务提供商——美国第三级通讯公司(Level 3 communications)。

递的信息是公司最有价值的数据。例如,这包括未决的谈判、知识产权和其他具有商业价值的信息。为了解决这些风险,许多提供商使用双层认证,以确保正确识别登录人员。① 而大多数风险存在于用户端,这样一来,所有硬盘驱动器都必须加密,不熟悉最新技术的律师需要进行适当的培训。

为了解决这些问题,市场已经开始作出回应。

第一,过去几年的发展表明市场已经不断地意识到数据泄露的问题,并在这方面提出了更多问题。② 但是,为了保护数据,对可以扩展使用哪些资源须有一定限制。大多数提供商尽最大努力确保其 SaaS 应用程序在最安全的环境。尽管如此,风险仍然存在,这就是为什么所有 SaaS 提供商都不处理加密数据,这也是所有 SaaS 提供商的基本措施。

第二,使用排除条款来限制提供商权力之外的责任。目前,大多数 SaaS 新兴企业只有一般的保险,只能为数据泄露提供基本保额。然而,当这些公司规模壮大时,他们也会增加保险范围,包括可能购买为防止数据泄露的特殊保险。

但是,如数据受特殊法律约束,并且经由供应商的系统传输,那么这就会出现一些风险。例如,受《健康保险流通与责任法案》约束的数据可能是某项终止非法就业索赔的一部分,因此会包含在通过 SaaS 平台交换的文档中,那么提供商最终也受此法律约束。问题是在这种情况下,提供商不知道这是受《健康保险流通与责任法案》约束的数据,因此无法确保任何适用法律条款的合规性。

鉴于该领域涉及大量不同的司法管辖区和法律,目前欧盟市场似乎对 SaaS 并不感兴趣。仅在提供辅助性服务的情况下,如使用 SaaS 平台将设立在欧盟的公司出售给美国公司,才可能会出现欧盟数据保护法方面的挑战。在这种情况下,数据将必须传输到美国进行"尽职调查评估"(due diligence assessment),这些评估由美国的律师和会计师执行。③

2. 云端搜索

民事案件中的"搜索"(discovery)或"证据开示"是美国法律的基本概念。在审判之前,被告人有义务提交与索赔有关的所有相关信息。这可能

① 双层认证要求用户通过他或她的设备以及密码进行标识。因此,通过向设备发送临时标识符来添加第二层安全性,如移动电话。
② 见附录访谈 5。
③ 见附录访谈 5。

包括电子记录在内的多种不同的数据。通常情况下,企业在全球范围内存储和处理数据,并不完全了解何种数据与案件相关。因此,为避免搜索数百万条记录而造成的搜索困难,可采用具有机器学习功能的复杂软件,快速进行数据切换,以便确定与手头案件相关的内容。然而,法院通常要求批准使用特定的系统,这是由于在使用何种软件及搜索技术方面往往存在分歧。为了给原告和被告提供公平的司法环境,法官必须经过适当培训并掌握技术发展的最新情况。[①]

因为数据存储在不同司法管辖区,所以国际企业内部搜索过程可能非常复杂。例如,一家外国公司在美国和瑞典设有子公司,出于安全及保密的考虑,双方可能希望确保在搜索过程中,没有数据传输到中国。在这些情况下,必须达成创新性的折中方案。而搜索数据涉及欧盟数据时,要将数据转移到美国,并将其提供给交易方,通常需要从欧盟员工那里得到弃权声明书。

在第三方披露数据的情况下,公司通常会在数据被披露前寻求法院保障,免于数据被披露。然而,如果数据被披露就违反了第三国法律的说法往往不够充分,不足以避免数据被披露。纽约上诉法院的判决可能稍微改变了这一立场。[②] 尽管如此,正如在主要解决货币纠纷的民事证据开示过程中那样,法院并不受严格的刑事程序规则的约束。

电子搜索边界的一个实例便是药物研究中正在收集的数据。这种情况下,法院命令对保护信息的机密性至关重要。

Everlaw[③] 或 Logikcull[④] 等基于云计算的电子搜索服务提供商都经过了律师事务所的严格审查,其中包括对安全和基础设施进行的现场检查。有时候,这也包括由独立第三方进行的渗透测试。基于当今电子搜索的国际性,云计算为进行国际搜索提供了完美的解决方案,这无须为每个国家提供培训系统。

为了处理数据,云提供商必须首先为其系统准备信息。但是,在不久的将来,这一步将被自动执行,并允许客户将所有数据上传到云端以完成搜索。此外,为满足其他国家(如澳大利亚)的需求,云提供商则会采用本地云

---

① Staiger, Die Zukunft des Datenschutzes in einer globalisierten Welt, 147 et seq.

② In re Warrant to Search a Certain Email Account Controlled & Maintained by Microsoft Corp. v. United States Docket No. 14-2985.

③ < www.everlaw.com >.

④ < http://logikcull.com/ >.

端 AWS 实例。例如,澳大利亚域名维护需要注册公司才能进行,那么为了保护公司的名称,就需要进行商标注册。

目前,采用云计算处理来实现全球运营是不可能的,因为司法管辖区不同,不同的国家数据保护法阻碍了数据的传输。这导致在不同国家和地区运行相同案例的搜索模式可能不同。最终,即便最终结果可能相同,但是这种脱节的处理方式会损害系统的完整性。

实质上,机器学习过程必须重复执行,这将导致不必要的成本和时间消耗。此外,如果一个公司主体的数据受搜索流程影响而将不同按键混合在一起,其准确性会提高。这符合法庭程序的利益,并使被告避免不必要的披露。解决这一问题通常会通过征集同意的方式实现。

然而,数据的数量非常庞大,数据类型非常广泛,可能涉及第三方的权利,而没有征得充分的同意。如果涉及版权或知识数据的风险,那么只允许使用能够在外国司法管辖区显示处理结果的系统,因为在这种情况下,不会创建持久性存储,也不会发生潜在的版权侵犯。[①] 欧盟《通用数据保护条例》诉讼程序中的例外情况还进一步提供了个人数据在诉讼中进行处理的机制。[②]

数据只有通过双向识别才能访问,即使用令牌可以确保获得访问权限的参与方通过令牌以及唯一密钥识别出自己。在云处理级别,硬件资源由其他实体共享。但是,搜索过程受到加密层的保护,阻止其他的访问情况。

除了用于搜索目的的数据处理外,电子搜索提供商也有兴趣收集汇总匿名数据以提高服务的准确性和用户体验。

3. 律师事务所认同的趋势

与国际公司打交道的主要律师事务所在合同中使用了越来越多的免责条款,这些条款允许当事方摆脱并购交易或其他交易。[③] 此外,在就业相关的诉讼中,使用员工记录的情况有所增加,特别是在(与其他人相比的)补偿及绩效方面。

如果欧盟建立数据中心是必要的,瑞士则被视为首选,因为它使企业能够自如地将数据移入境内或移出境外。但是,瑞士的成本较高,这也存在一定缺陷。就德国而言,由于德国框架过于严格,企业对数据中心移往德国犹

---

① 见附录访谈 8。

② 《通用数据保护条例》第 12 条。

③ 见附录访谈 6。

豫不决。随着英国脱欧带来的潜在影响,美国企业正在寻求英国数据中心的替代方案。①

律师事务所需要使用办公软件来草拟法律文件。最常用的软件是 Office 365 软件。云解决方案可以根据正在处理的数据进行调整,因此即使是符合《健康保险流通与责任法案》标准的产品也可以由 Microsoft 提供。但由于这些软件包括自动推送更新,律师事务所为了保证其系统的完整性,仍然不会选择远程使用软件。②

(五)软件即服务通信工具

在过去几年,许多基于云计算的新型通信工具已经投放市场。实质上,它们都提供了基本的功能,即员工可以在公司内部进行沟通,与外部客户建立联系。其他功能还包括将这些工具链接到软件开发工具,以及其他各种已建立的服务,如 SMS、Web 会议工具及电子邮件。该服务通过 CaaS③ 供应商的云端传输数据,便于服务。

由于此服务集成了云产品和通信工具的各个方面,因此数据保护法律以及《电子隐私指令》等与通信保护相关的法律适用于这些提供商。在这种情况下,设立在美国的公司往往有一个英国或爱尔兰的子公司,他们向欧盟市场提供服务。由于一些通信不仅需要通过互联网完成,而且需要通过聊天工具完成,因此这些数据需要在一定的时间内存储。由于欧盟数据保护法律的规定,这一过程通常在本地进行,否则可能会产生个人数据跨境传输的问题。但是,由于数据可能会从欧盟转移到美国,英国的子公司和美国总部将签署包含欧盟标准条款的合同。

通信工具面临的主要挑战是,这些工具允许不同地点的员工互相发送信息,会导致传输客户或其他缔约方的个人数据受到欧盟数据保护法律的约束。为了达到该项合规要求,员工将接受定期培训,而各种软件程序的功能可能会受到一定限制。此外,欧盟方通过合同确保此类数据不会通过聊天工具进行传达,并确保服务提供商免于任何索赔。但是,由于 CaaS 提供商缺乏谈判能力,依赖赔偿条款通常不能解决问题。目前,这种样板式的协议偏向于提供商④,然而在所有情况下,诸如认证要求、合规承诺和安全条款等

---

① 见附录访谈 1。
② 见附录访谈 5。
③ 通信即服务(Communication as a Service,CaaS)。
④ 见附录访谈 9。

基本要素都是必须包含的内容。

关于政府对数据的访问,CaaS 提供商也大大限制政府收集的数据数量,除非这些提供商有必要提供服务。但是,由于主要焦点是促进沟通,所以需要收集的数据量是非常有限的。聊天功能通常选择"先进先出"的方法,一旦达到了设定的存储限制,最旧的数据将最先被删除。① 此外,行业特定数据将通过合同从服务中排除。例如,没有事先批准,健康数据不得在提供商的系统存储或交流,由于合规要求很高,服务成本也会随之增加。②

(六)扩展:云端公共服务

随着云计算和大数据在私营产业的兴起及广泛采用,政府机构也希望从这项技术中受益。政府机构通常有自己的服务器,维护成本高,不易扩展。美国政府已采取措施,将其数据处理转移到云端,同时通过《联邦风险和授权管理计划》(Federal Risk and Authorization Management Program, FedRAMP)来解决风险。由于云合同中的大多数标准条款对政府来说不可接受,因此政府采用了专门的采购程序。③ 然而,即使采用了公共采购程序,必须由政府设定的风险管理措施及要求的内容也需要保留,否则就不能保障政府讨价还价的能力。

通常情况下,只有少量的服务提供商为公共实体提供 IT 基础设施,因为这是个非常漫长而乏味的过程。此外,基于更严格的数据安全要求,施加了许多附加要求的同时,需要在获取信息自由申请的情况下便于公开数据。这其中还必须考虑政府现有的系统,这些系统不像私营部门那样更换周期很短。

第三节　云端企业对客户

与使用云服务的消费者进行互动,会给云提供商带来许多障碍。这是因为消费者保护法等法律规定了更高的数据保护要求,而且完全掌握相关

---

① 见附录访谈 9。
② 见附录访谈 9。
③ 特别是由于美国政府是云计算服务的最大购买者之一,因此它有权影响这些条款。详见 Fed. Chief Information Officers Council, Chief Acquisition Officers Council & Fed. Cloud Compliance Comm. , 2。联邦政府在这个新市场中是最大单一购买者。

法律也存在难度。因此,营销服务提供商通常只提供有限的标准化服务,这受到标准合同的约束,该合同已对一般其他可接受的条款进行了审查。这种方法可以降低潜在风险,也兼顾这些合同的低利润率和低交易量。

一、数据保护的影响

从数据保护的角度来看,向消费者提供服务具有独特的挑战。首先,以某种形式从个人收集到的数据总是包含个人数据,要求云提供商履行通知义务,其中包括有关处理操作性质的信息,数据主体的权利——如删除和更正权利,以及因分包商处理和使用而产生的任何特定风险。

其次,从个人流出的数据大多不归为特定的类别,服务提供商通常也不了解个人数据的性质。在商业环境中,个人数据的类别、性质等因素是根据不同的情况区别对待的,以便更好地为终端客户定制服务。然而,这也取决于云服务的性质,因为 IaaS 提供商通常很少参与数据处理,而 SaaS 提供商则提供软件工具,仅允许进行某些处理操作。

在此背景下,获得用户同意也十分关键,因为在云端收集的数据可以与其他数据组合或使用。因此,必须确保用户意识到这种风险,以便能够根据用户自己需求作出知情的选择。上传数据所有权也是这方面的关键内容。通常而言,付款未完成时,数据权利也会丢失。此外,在 B2C 领域,合同终止后,数据不会保留很长时间,这使个人很难恢复数据。社交媒体网站为了能继续完善其他成员的服务,即使终止使用合同,这些网站也倾向于存储用户数据。[1]

大多数情况下,企业与客户之间的信息不平衡,如服务是如何提供的、合同中的当事人权利和义务的性质是什么样的,这限制了个人作出知情决定。随着欧盟《通用数据保护条例》的引入,这些关于个人同意的要求将受到更严格的审查。[2]

二、客户保护

在欧盟和美国,有大量消费者保护法适用于 B2C 情景。这些法律的根本目的在于确保客户能够根据其购买的服务或商品作出知情选择。最终,如不提由谁经营网站及基本合同条款的必要通知等不公平竞争,都将属于

---

[1] Council of Europe, 8.

[2] See Staiger, Die Zukunft des Datenschutzes in einer globalisierten Welt, 150 et seq.

这个范围之内。

联邦贸易委员会在这些问题上采取强硬立场,定期调查企业的数据安全和隐私保护实践。联邦贸易委员会会就特定主题发布指南,以明确规定某些服务提供商需要采取措施。例如,发布针对移动健康应用程序开发人员的指南。指南规定了企业应可能收集最少的数据以减轻其在安全和数据保护方面需要负担的义务。

接下来要做的是解除身份识别。数据取消识别时,就不能与特定的个人产生相应联系。有效解除识别的关键是确保数据无法合理再识别。例如,美国卫生与公共服务部(Department of Health and Human Services)的法规要求《健康保险流通与责任法案》涵盖的单位从受保护的健康信息中删除具体的标识符,其中包括出生日期和五位数邮政编码,或者让隐私与数据安全专家确定,数据重新识别的风险"非常微小"。

适当地使用再识别数据可以保护个人隐私,也存在其他益处。例如,如果应用程序收集地理定位信息,用来绘制大城市地区哮喘爆发图,那么企业在去识别的形式下维护和使用这种信息时,应该考虑其是否能够提供相近的功能。降低重新识别位置数据的风险,可以通过不收集单个用户的高度特定的位置数据来实现,具体操作包括限制用户存储位置数量或者聚合用户位置数据。

▎第四节　大数据分析的挑战

该研究表明,企业正在收集越来越多与个人有关的数据,他们试图利用这些数据来改进现有产品,开发新产品和服务。这是全世界的总体趋势,而在美国这种趋势最为明显,这是由于美国对使用这种技术并没有太多限制,激发了巨大的可能性。[①]

新的物联网设备可以收集与人类行为、人际关系相关的以及人类生物学相关的细节丰富的数据。这些信息为企业和公共机构的研究创造了巨大的潜力。与此同时,数据分析工具也在不断完善,使开创型研究成为可能。

---

① President's Council of Advisors on Science and Technology, Executive Office of the President, Big Data and Privacy: A Technological Perspective (2014)

然而,这种创新是以无法保护正在处理数据的个人的隐私、无法保护个人自由为代价的。目前的监管框架不适合解决这些问题,而且任何监管都应致力于在尊重道德及隐私的基本原则的同时,实现大数据的使用。①

一、研究问题

(一)大学与企业的合作

企业通常会与大学和其他研究机构合作,以获得这些学术机构所提供的大量资源。作为回报,它们提供了财务支持以及研究所需的数据。但是,这种方法规避了政府对政府资助研究项目所施加的监督。例如,脸书(Facebook)和康奈尔大学进行了一项行为研究,他们通过向 Facebook 用户展示各种类型的信息并测量他们的心情。由于用户没有得到有关这项研究目的的通知,这项研究遭到了广泛的批评。②

另一个例子是网飞公司(Netflix)。网飞公司在数据匿名化之后公开了一些使用数据,目的是改善其服务。但是,通过精密的算法,这些数据仍可以识别个人。此外,葛兰素史克公司(GlaxoSmithKline)还试图利用 iWatch 数据进行关节炎研究。这都明确凸显了对此类数据的使用需求,但是其风险和合规性的要求通常并不明确。③

(二)大数据研究

研究表明,在大数据环境中使用大型数据集时,隐私保护会面临重重挑战。这些数据集有许多与特定记录相关的数据点,因此记录具有独特性,因而具有可识别性。一方面,该技术通过改善医疗保健、社会服务以及其他重要联系来改善日常生活。另一方面,这些工具也破坏了现有的隐私保护法律,这些现有法律现被大数据收集所固有的巨大能力侵蚀。④

通常数据是由第三方研究团队从企业收集,该团队无法通知可能受处理操作影响的数据主体。目前,法律主要规定数据收集和创建的初始阶段,但未能将重点放在随后的使用上,如数据转换和传播。在这些情况下,数据主体撤销、扣留或修改初始同意书的可能性是十分有限的。⑤ 因此,需要借

---

① Vayena, Gasser, Wood, O'Brien, Altman, 423.
② 因此,应该寻求机构审查委员会的批准。详见 Grimmelmann, 219 et seq。
③ 见附录访谈 12。
④ De Montjoye, Radelli, Singh, Pentland, 536 et seq.
⑤ Vayena, Gasser, Wood, O'Brien, Altman, 431.

助技术手段,实现动态同意书。[1]

Jawbone(一家健身追踪器生产商)与客户签订协议时所获得的权利与客户所了解的其所授予给 Jawbone 权利之间存在差异,这差异在 2014 年突然被公之于众,为客户所知。人们了解到在地震期间,该应用程序能在用户醒来时自动注册,并且公司能够发布此数据,显示佩戴者的设备是如何被中断的。到目前为止,许多客户不知道这些设备向其生产商传输了大量数据。[2]

(三)匿名化与大数据

尽管匿名化和解除身份识别被认为是物联网数据处理问题的解决方法,然而这些技术并不能提供解决方案,因为大量数据正在快速增加:当与其他许多外来数据组合在一起时,甚至匿名数据也能导致个人身份的识别。这增加了违反美国、欧洲和瑞士不同的法律的风险。[3] 此外,觉察到的隐私风险可能会减缓创新大数据处理的采用,这些创新对社会有益或有助于提高整体经济效率。[4] 除了隐私问题之外,其他因素也起着重要作用,如个人自主也会影响有关大数据辩论。

技术是大数据处理的强大驱动力。关键推动大数据的技术是云计算和分散处理的发展。因此,在分析大数据及其影响时,人们必须考虑大数据背后的技术及这些技术风险和优势。在过去的几年中,各种基于 Hadoop[5] 的流程之间的互操作性得到了改善,从而能够跨各种平台进行处理并实现更高级别的处理。[6]

云环境的核心设计元素是数据环境的安全性。在这方面,开源提供了一些独特的好处,因为大量的专业人员致力于改进系统。在基于专有系统的公司中,情况并非如此,因为该系统受资源限制。此外,应该了解硬件合

---

① 详见 Kaye, Whitley, Lund, Morrison, Teare, Melham, 143。

② Watson, Ask the Decoder: Did I sign up for a global sleep study? Al Jazeera America, 29. October 2014, http://america. aljazeera. com/articles/2014/10/29/sleep-study. html .

③ Bolliger, Feraud, Epiney, Hänni, 29.

④ 欧盟网络和信息安全局(European Union Agency for Network and Information Security, ENISA)。

⑤ Hadoop 是一个用于分布式存储和处理超大型数据集的开源软件框架。它由用商品硬件构建的计算机集群组成。Hadoop 中的所有模块都设计有一个基本假设,即硬件故障是常见的,并且应该由框架自动处理。

⑥ 例如,IBM、Hortenworks 和 EMC Pivotal 已经实施了这些措施,以确保其服务产品之间更好的数据流。

规和应用程序合规性之间的区别。例如,云基础架构可以基于各种技术保护措施符合《健康保险流通与责任法案》标准,但其上运行的应用程序可能不符合《健康保险流通与责任法案》。通常,关于应用设计的要求在立法(如《萨班斯-奥克斯利法案》和《健康保险流通与责任法案》)方面有很大的不同。

当今最大的商业挑战是了解公司内外的技术,特别是数据处理的方式。

一些云计算企业已经开始尝试将服务器中心置于水下等技术,以便降低冷却成本,这是服务器中心运行成本的重要组成部分。而将这些服务器中心放入国际水域,何种数据保护法律适用于这些数据中心成为了问题。

二、监管差距

主要的隐私保护框架是在 20 世纪 70 年代开发的,并不适合大数据提供的新功能。这包括获得个人同意以及平衡对个人的风险。此外,《联邦人类受试者保护政策》(Federal Policy for the Protection of Human Subjects)中使用的人类受试者的定义也对此带来了进一步的挑战,因为这个定义非常狭窄。[1] 该定义需要研究人员对数据受试者进行某种形式的互动或干预。但是,如果数据来自社交媒体服务,则通常不再需要这种互动。

许多监管方面的挑战推进了当前数据保护实践,拓展了其他法律的解释范畴,使其适用于法律和技术交叉领域。但立法机构要么缺乏面对这些挑战的政治意愿,要么审议程序的结果与专家建议相距太远,而缺少实践有效性。为了向市场参与者提供他们所需的法律确定性,使市场参与者了解需要采取哪些合规措施,如何调整新的服务产品,必须尽可能地弥合出现的任何监管缺口。因此,过时的法律可能会阻碍新兴企业和其他小型创新企业进入市场以及新技术开发。

三、行为定位

公司可能出于各种目的收集数百万人的信息,这包括行为分析和行为定位。Facebook 收集至少 15 亿人的信息,而 Google 则拥有全球 90% 的互联网用户。

---

[1] 《联邦人类受试者保护政策》,7 C. F. R. pt. 1c,10 C. F. R. pt. 745,14 C. F. R. pt. 1230,15 C. F. R. pt. 27,16 C. F. R. pt. 1028,24 C. F. R. pt. 60,28 C. F. R. pt. 46,32 C. F. R. pt. 219,34 C. F. R. pt. 97,38 C. F. R. pt. 16,40 C. F. R. pt. 26,45 C. F. R. pt. 46,45 C. F. R. pt. 690,49 C. F. R. pt. 11(2015)。

此外,一些不知名的公司每天处理数百万的个人数据记录。许多公司使用复杂的网络数据流参与行为定位。实际上,系统可以通过网络跟踪互联网用户,有针对性地投放广告。[①]

数据保护法对个人数据处理设置了严格的界限,并以此来遏制隐私侵权行为。但分析公司为避免使用个人数据,其数据处理操作变得越来越新颖,这些操作不在法律适用范围内。但是,欧洲数据保护部门与第 29 条数据保护工作组展开协作,认为行为定位通常需要处理个人数据,这是因为公司使用数据来挑选出个人。该工作组是一个独立的咨询机构,并就数据保护法法律解释发表意见。虽然他们的意见不具法律约束力,但法官和数据保护部门经常遵循该工作组的法律解释。[②]

分析处理操作是否需要履行欧盟数据保护法,其核心在于定义个人数据。欧盟数据保护法适用于(i)任何与(iv)自然人(ii)有关的、(iii)已识别或可识别的信息。[③]

确定个人数据核心问题在于要素(iii),即可识别性。这个结论很大程度上取决于底层技术及其针对特定方案的精确应用。例如,法院判决规定 IP 地址是个人数据,但这一规定用处并不大,因为可识别性取决于谁拥有识别所须的数据。在 IP 方案中,只有互联网服务提供商才能访问、知晓这些信息,这些信息不能通过搜索引擎或营销公司获得。因此,考虑到实际的识别能力及服务供应,监督机构和立法部门应该采取更集中的方法。

四、政府数据发布

大数据不仅对私营企业遵守数据保护法构成挑战,也对几十年来收集大量数据的公共机构构成挑战。近来,借助于新的技术,公共机构所搜集的数据可在大数据环境中处理。此外,存储数据成本低廉,这也催化了这一行为。政府根据法律可以出于公共目的收集数据,但向私营部门披露此类信息则会产生对数据保护的诸多挑战,因为这些由政府搜集的信息无法通过个人账户获取。

---

① Borgesius, 256-271

② Gutwirth and Poullet, 570 et seq.

③ "(i) any information (ii) relating to (iii) an identfied or identifiable (iv) natural person"参见第 26 条工作组,"4/2007 号意见—个人数据的概念"(WP 136),2007 年 6 月 20 日。

（一）美国

1. 政府数据收集

为了促进透明度和问责制，作为其公共职能的一部分，政府正在越来越多地发布其所收集的各种数据。在美国，政府发布的数据可以分为四大类，其中包括：

第一，信息自由和《隐私法》要求；

第二，传统的公共记录和重要记录；

第三，官方统计；

第四，电子政务和开放政府举措。

鉴于数据性质，这些数据对于研究和商业决策而言非常重要，因为数据可以更好地洞察人类行为。[1] 而这种情形下，主要问题就在于如何实现有意义的隐私保护。缺少明确的个人数据保护框架，会导致敏感隐私数据的限制性泄露。[2] 如果隐私保护法律具有间接性，并且可以进行解释，那么数据泄露规模不会变化；因此，发布信息的过程变成了一项劳动高度密集的任务，而且速度慢、成本高。[3] 通过传统的统计技术去识别化通常不能提供所需的隐私保护。[4]

2. 信息自由

根据（联邦法律）信息自由请求，发布机构在发布数据时，无须通知信息被公布者，或给予信息被公布者反对公布数据的机会。在州一级，这种反对权利有时是在极小部分情况下才授予的。此外，该系统的设立是为了惩罚本应当公布却没有公布信息的人员。

相反的，数据不应当被公布的情况下却被公布了，则不存在类似的惩罚。[5] 然而，1974 年《隐私法》一般禁止在未获得数据主体同意时披露联邦机构所发送的记录。如信息自由的例外情况适用，则必须援引相应的《隐私法》豁免条款，方能酌情发布数据。[6] 尽管由于国家安全原因或数据与内部个人记录有关等原因，信息披露存在例外情况，但仍可以获取大多数信息。

---

① Altman, Rogerson, 835 et seq.

② Schwartz, Solove, 1815 et seq.

③ Schwartz, Data Processing and Government Administration: The Failure of the American Legal Response to the Computer, 1321 et seq.

④ Ohm, 1702 et seq.

⑤ 5 U. S. C. § 552(a)(4).

⑥ Ibid § 552(a)(b)(2).

　　决定是否发布记录时,必须进行均衡考量。因此,公布信息请求范围越广,个人与信息相关联可能性越大,则均衡考量就越倾向于披露信息。① 然而,实践表明,判例法对法官裁决的影响不大。相反,法官的背景和培训会影响决策。② 通常编辑的信息包括社会安全号码、出生数据和出生地以及病史。③

　　然而,在实践中,个人如果根据联邦《隐私法》施行其权利,仍然受到法律障碍和低损害赔偿的限制,这最终没有提供改变公共机构行为所需的动力。④

　　3. 开放访问

　　分析企业(analytics enterprise)为了高效地使用政府数据,需要开放获取政府的电子信息,以便快速访问和定期更新其数据库。而在以往,想要获取所有类型的数据,却不是这种情况,这是因为不同的政府机构或部门有不同的数据披露的系统和规程。这有时会导致对数据披露的不必要的限制,比如需要提供新的硬盘驱动器来复制数据。⑤ 一些正面的案例是联邦机构必须经常在电子阅览室、图书馆或新兴在线平台中存储所需的记录,以便公众访问数据。⑥

　　今天,整个行业致力于汇编公共记录信息,通过将这些数据与其他数据相结合,可以附加价值并创造新服务。LexisNexis 开放获取超过 360 亿条公共记录,是这种服务的最大提供商之一。尽管数据披露存在一些限制,如通过《驾驶员隐私保护法》(Driver's Privacy Protection Act, DPPA)限制数据披露,但是这些限制依然可以通过获得个人同意来规避。例如,当个人注册优惠卡时,个人同意书可能包含在注册条款的小号字中。

　　统计数据也是隐私倡导者关注的一个领域。虽然根据《机密信息保护和统计效率法案》(Confidential Information Protection and Statistical Efficiency

---

① 详见例如,Arieff v. U. S. Departement of Navy, 712 F. 2d 1462, 1467 (D. C. Cir. 1983)。
② 详见例如 BeVier, 495。
③ 详见例如 Associated Press v. U. S. Department of Justice, 549 F. 3d 62, 65 (2d Cir. 2008)。
④ Schwartz, Privacy and Participation: Personal Information and Public Sector Regulation in the United States, 596.
⑤ Wong, FOILing NYC's Taxi Data, Blog (18 March 2014) https://www.chriswhong.com/open-data/foil_nyc_tax.
⑥ 详见 FOIA library, U. S. Census Bureau, http://www.census.gov/about/policies/foia/foia_library.html。

Act,CIPSEA)规定,统计数据经过必要的处理措施后,似乎无法用来识别个人,①但是若将统计数据与其他数据集结合,仍然能够实现身份识别。

（二）欧盟

与美国相比,欧盟隐私权对隐私的保障更完备。这是由于美国给公众了一项重要权利,即"严密监视公共机构的工作"②,这项权利是美国披露法庭记录和其他数据的基础。

一般而言,欧盟成员国法院根据检察官提供的证据,在个案中才使用监视措施。检察官必须证明,没有其他合理手段可以获得所需的信息,并说明授予监视的期限。根据这些事实,法官将平衡国家利益与个人权利,以确定是否授予某些监视措施委任书。

对于国外监视,可能监视措施及覆盖范围并不为公众所知。然而,根据斯诺登泄露的信息,很显然,英国大量的国内、国际监视措施已经就位。

第五节 基于数据的歧视

任何企业使用云计算、大数据、物联网等技术来区别对待个人或群体,都具有很高的风险。由于系统可以识别定向投放广告的模式,因此歧视通常不会被人完全注意,但是这会致使根据人们的种族、肤色、性取向、年龄等因素对人群进行实质性区别对待。对于这种行为,法律会允许受影响的个人提起歧视诉讼,这会使新兴企业甚至大企业损失数百万美元。因此,除了可能违反数据保护法律和其他规范特定类型数据使用的法律之外,数据处理的结果及其商业应用也可能违反反歧视法。

一、大数据

（一）关键因素

美国政府已经发布报告强调了大数据歧视性分析的潜力,以及大数据

---

① 详见管理和预算办公室 2001 年颁布的《〈机密信息保护和统计效率法案〉（电子政务法第 5 篇实施指南）》,https://www.whitehouse.gov/sites/default/files/omb/assets/omb/inforeg/proposed_cispea_guidance.pdf。

② Nixon v. Warner Communications Inc. 435 U.S. 589, 598 (1978).

在正确应用的情况下减少歧视性做法的能力。[1] 特别是,该报告表明了这一事实,即预测分析可能形成准入障碍,从而导致歧视固化。例如,这种分析方法已经用于信用评估,该分析自动评估生活在低租金社区的单身母亲的信用风险高于居住昂贵地区的单身男性。然而,实际上单身母亲在财务方面的决定可能比花销超过收入的单身男性更为谨慎。因此,对机器判断进行人工控制和检查是至关重要的。

此外,设计算法时必须考虑偏差的存在。从积极的方面来看,大数据还可以作为一种识别偏差工具,即通过比较大量的决策和预测,将其与某些特征进行对比,来识别偏差。产生歧视影响的情况主要分为两类:第一,算法的输入数据;第二,算法本身的内部工作机制。

当数据导致歧视时,数据来源如下:[2]

第一,选择不当的数据,系统设计者选择使用某些数据但忽略其他数据。这导致对忽略数据类别的歧视。当某些数据不是决定所必须的,但不包括它会导致歧视性结果时,就会发生这种情况。

第二,不完整,不正确或过时的数据,这些数据可能是由于数据收集缺乏技术严密性和全面性所致。例如,数据会经常变化,但已收集的数据并不会定期更新。

第三,选择偏差数据导致数据样本不能代表总体,从而导致对忽略群体的歧视。

第四,无意的长期保存数据和因反馈循环产生的历史偏差加重,导致输入数据的偏差或导致过去数据的复制。

此外,算法系统和机器学习的设计也会由于以下因素而加重歧视:

第一,设计不良的机器系统会导致偏见形成。如果这些系统没有及时更新,将历史偏差计入所使用的数据或算法,则可能会产生歧视性结果。

第二,缩小而不是扩展用户选项的个性化和推荐服务。例如,在用户自动接收到定向广告的情况下,如果市场细分被排除,那么该用户不会再收到这些信息。

第三,一些决策系统会将相关关系等同于因果关系。当系统认为因为

---

① Smith, Patil, Muñoz, Big Risks, Big Opportunities: the Intersection of Big Data and Civil Rights, White House < https://www. whitehouse. gov/blog/2016/05/04/big-risks-big-opportunities-intersection-big-data-and-civil-rights >.

② Executive Office of the President, 45.

两个因素一起发生时,它们必须处于因果关系中,就会发生歧视情况。

第四,数据集缺失信息,不能完整地代表某一群体的总体情况,这样的数据集会导致算法系统不精确,因输入数据缺陷而造成歧视。

(二)信用评估

随着大数据用于信用评估逐渐普遍,那些本来信用良好的人被归类为不可评估的风险已经上升。今天,电子系统依靠他们从其他贷方收到的数据自动产生信贷决策。然而,由于没有信贷数据,没有贷款的人将无法获得评估,会因此而无法获得贷款。这主要影响的是非洲裔美国人和拉丁裔美国人,如果没有其他信用评估方法来说明他们的特殊情况,就会对这些群体产生歧视。[①] 然而,随着大数据的兴起,人们可以开发评估信用风险的新方法,不限于对当前贷款和过去贷款的评估,而纳入新的数据来源。这将有利于低收入借款人,与额外补偿和电话账单数据一样,70%的不可评估的档案可以再度评估。[②]

(三)就业

除了金融业等普遍接受大数据使用的领域之外,大数据也越来越多地应用于就业领域。公司力求找到一个完美候选人,该候选人不仅需要具备公司所需的技术技能,还了解公司的文化价值,具有岗位角色所需的秉性。目前,这种分析工具在招聘预选过程中已广泛使用。但分析软件工作方式或最终候选人名单的计算方式往往并不清楚。

此外,当公司只寻求与已有员工相似的候选人时,根据与个性相关的关键字和假设筛选员工的方法就会降低员工多样性。而且工作时长等因素可能会对先前失业较长时间的个人产生歧视。[③]

但是,由于这类分析系统只是提供所有符合量化标准的申请人信息,因此该系统也可以减低"亲和力偏见"。此外,云端运行的新系统可以对各公司员工的薪酬进行比较,以确保同工同酬和避免歧视。[④]

(四)高等教育

在高等教育领域,大数据处理也会产生意想不到的结果。入学过程中

---

① 消费者金融保护局研究室。
② Turner, Walker, Chaudhuri, Varghese, 23 et seq.
③ 大数据行政办公室:关于算法系统的报告。
④ 例如,SaaS 人力资源提供商提供的云解决方案允许采取这种措施。

或课堂上收集的数据可以用于分析,以确定特定学生是否需要某种援助或为其定制专门的学习方法。然而,同样的工具也可以用来拒绝录取这些学生或在其他方面造成歧视。

特别是,美国大学学费高昂,学生需要承担巨额贷款,美国大学系统可以从数据分析中受益。家长们第一次能够查看全国各所大学对比信息,对比信息包括辍学情况、毕业后收入、贷款还款情况以及大数据工具可以分析的其他数据。这使得家长和学生能够确定就读哪所大学将获得最大的利益。他们可以进一步根据个人情况和偏好,对就读院校作出明智的选择。

大数据技术还可以根据学生知识水平和需要关注的领域量身定制指导学生,帮助学生更有效地学习。佐治亚州立大学在 2013 年推出了一项计划,每天追踪每位学生的 800 多个风险因素。这项计划旨在辨识问题,并积极提出措施。该计划已使毕业率提高 6%,极大惠及贫困群体,包括非裔及拉丁美洲裔学生。[①] 此外,这项定制关爱计划可以加快毕业速度,从而降低学生的财务成本。

在入学程序方面,额外的数据可能有助于选拔过程。然而,由于父母收入是大学录取的一个指标,因此大数据也可能对贫困申请人有不利影响。

(五)刑事司法

过去 10 年中,美国执法领域使用大数据的情况显著增加。有助于识别及抓捕罪犯大数据技术也可以用来执法,这对社区非常重要。

建模系统可以提高对犯罪热点的了解,并将犯罪数据与其他因素联系起来,以确定社区应实施哪些措施来减少暴力发生和其他风险。去识别化的警方数据及其他背景数据可用于预测分析,从而预测犯罪风险高发的地区和时间。警方随后可以向这些地区派遣更多警力以防止犯罪活动。这些积极措施已大幅降低报案率。

为了降低因个人特征(如种族、性取向、宗教或收入水平)确定特定社区的风险,必须参照历史数据呈现的风险对分析系统和算法进行评估迭代。严密构建的反馈循环能够降低这些风险。然而,核心风险仍然在于数据源,这些数据源往往数据不符或缺乏必要的丰富性,甚至部分数据不完整。

---

① Kurweil and Wu, Building a Pathway to Student Success at Georgia State University, Ithaka S&R, http://www. sr. ithaka. org/publications/building-a-pathway-tostudent-success-at-georgia-state-university/; Marcus, Colleges Use Data to Predict Grades and Graduation, The Hechinger Report December 10, 2014 http://hechingerreport. org/like-retailers-tracking-trends-colleges-use-data-predict-grades-graduations/.

二、大数据处理中个人数据的使用

以上有关大数据使用的示例大多数不受美国数据保护法律的限制。然而,欧盟巨大的隐私保护框架以及欧盟及国家层面的数据保护法律,都对使用大数据分析个人数据造成了极大的限制。如果处理数据是出于公共目的或公共利益,那么欧盟成员国在实施本国法律保护个人数据时,可以有一定的回旋余地,允许将这些数据用于保障成员国的利益。①

虽然欧盟逐步明确其对数字经济支持的立场,但各成员国公共部门采用新技术的进程仍然十分缓慢。② 公共部门结构通常不适应新变化,政府当局缺乏从大数据等新技术中获益的基本见解。此外,与美国相比,欧洲地区数据收集大大受限,因此详细可靠分析所需的数据通常无法获得。

开放政府是欧盟及美国的核心概念。但是,在欧盟,信息通常不会以电子形式发布,因为第三方提供商将会设计并实施能够利用这些电子数据的服务。政府不以电子形式发布这些数据,这部分是由于数据保护法规定,旨在保护个人信息。在这些情况下,数据不得包含任何可以识别个人身份的个人数据。只有当公众利益与在待公开数据的数据主体之间的均衡考量有利于公开时,信息才能发布。这是一项个人评估,不能通过自动化手段进行,因此大部分信息将不会被公开,除非个人以信息自由请求的方式获取访问权限③。

因此,为了更有效地利用在公共部门收集和生产的信息,必须实施规则以提高公共机构效率。当然,这些数据只能在内部使用,而不能交由商业公司。大数据处理的任何结果,必须单独经过再评估程序,以确保数据的完整性、准确性和可靠性,任何计算数据处理操作结果的系统也必须进行再评估。

将各种政府数据(如健康、财务数据和个人特征)连接在一起可提高数据的整体精确度和预测能力。因此,各种类型的数据之间的界限变得模糊不清,这会在未来导致重大的法律问题,特别是在美国,因为这些信息类型受到个别、特定法规的约束。例如,包含健康及财务数据的数据库将受到

---

① 欧盟《通用数据保护条例》第 6 条。

② 爱沙尼亚在这方面是一个值得注意的"异常",因为几乎所有与政府的互动都可以通过电子护照系统以电子方式进行。

③ FOI(Pub. L. 89-487, 5 U. S. C. § 552.).

《健康保险流通与责任法案》①、《格雷姆-里奇-比利雷法案》以及《公平信用报告法案》(Fair Credit Reporting Act, FCRA)②和其他相关立法的约束。管理数据的使用及互动,处理及分析数据结果,变成了一件复杂的事情,因为一些数据接收方通常不受这些法律约束,但他们在使用或接收这些数据时将面临额外的负担。

　　要解决大数据造成的这类问题,就要更好地理解大数据计算所依赖的云基础架构。③ 这就需要建立一个规范云提供商活动的法律框架及合同框架,以确保在大数据的复杂性升级之前,达到最低的数据保护级别。

　　然而,现实情况是,赶在云计算及大数据发展之前,实现这样的数据保护水平是行不通的,因为技术可以轻易地侵犯隐私,这已经超出了预期,并且在某种程度上,这超出了政府在国家层面进行有效管理的能力。④ 因此,应对这些挑战的明智做法是,在解决利用云端提升服务层级的技术问题之前,首先须将重点放在对云端的最低层个人数据交易的法律规范上。⑤

　　批评矛头指向这一问题,经各国同意制定的隐私保护原则在何种程度上可以实施,一直缺乏相应的指导方案。⑥ 随着 Web 2.0 新系统的出现,(根据人权、安全和成本等国家利益)在本地广泛施行横向隐私原则的程度已达到极限。目前欧盟《通用数据保护条例》可以确定国际数据隐私标准,因为联合国在国际层面上缺乏行动,尚未通过相应的措施。尽管法律规范进展迟缓,技术智库已经陆续兴起,寻找技术方案,以解决由物联网、云计算、大数据等技术导致的隐私问题。但立法程序过于迟缓,不能跟上技术发展的步伐,因此,新兴的隐私标准将更多地受技术驱动而不是法规驱动。客户对隐私的需求也将对塑造未来隐私保护方式发挥重要作用。

　　鉴于欧盟《通用数据保护条例》及欧盟目前的发展情况,问题在于知情

---

　　① 《健康保险流通与责任法案》(Pub. L. 104-191)。

　　② 《公平信用报告法》(Pub. L. 114-38, 15 USC § 1681.)。

　　③ 有关数据保护方面和安全方面的挑战,详见 Cloud Security Alliance, 11。

　　④ 关于移动电话用户隐私感知的讨论,详见 Fife and Orjuela, 1。

　　⑤ ENISA 正在试图将隐私策略应用于技术。然而,目前应用的匿名技术在大数据背景下的无效性值得商榷(参见 Danezis and others, 37)。第 29 条数据保护工作组还在这方面发表了一份声明:第 29 条数据保护工作组,《关于大数据的发展对保护个人在欧盟处理个人数据的影响的声明》(WP 221, 2014)。

　　⑥ De Hert and Papakonstantinou, 271 et seq.

同意书及收集重点是否仍然是审慎的解决方案,因为大数据可以实现各种各样的数据识别方案,而在收集数据时这些方案不属于欧盟《通用数据保护条例》规定内容。这些方案是后来才出现在用于统计目的的数据处理中。因此,立法机构应加强数据主体保护,而非数据主体是否对初始数据收集表示同意。因为绝大部分的大数据处理操作在云端进行,所以必须要突出强调这些问题,并确保统计目的数据处理规则的一致性。①

▍第六节　合规及减少风险的措施

国际法规不断增多导致合规成本不断增加,这也加剧了国际数据传输的复杂性。由于企业的数据收集方式在法规出台之前就已建立起来,目前许多企业无法满足后续不断增加的新规定。② 因此,要使数据处理符合法律规定,企业需要逐一了解法规要求使其数据处理合规,而且企业要首先解决合规风险最高的领域。

由于不同利益相关方更积极地参与规则的制定过程,许多问题需要重新思考,如数据隐私治理模式、数据隐私治理模式融合、全球化数据保护标准需求、跨境数据流通监管等。

一、隐私管理计划

各种隐私规则的改进和调整可以通过隐私管理计划的实际实施和改进来实现,监管机构会对企业是否达到隐私标准进行监管,而隐私管理计划即可以满足监管机构的要求。此类计划还有可能成为强有力的营销工具,因为它们发出信号,表明企业通过尝试降低隐私泄露的风险来关心其客户和利益相关者的隐私。

这些项目的内容和结构可以非常灵活,从而可以根据具体情况进行必要的调整。尽管如此,鉴于保护水平的巨大差异,在隐私标准方面加强国际层面的协调似乎是必要的。特别是,必须加强来自不同国家的数据保护部

---

① 欧盟《通用数据保护条例》使成员国有很大的灵活性,成员国可在此基础上推行自己的要求。

② 例如,这些特定问题出现在数据保护法律以及大数据的组合的背景下,从而导致人们更高程度的可识别性,但是,数据的初始收集可能无须同意,但是,基于稍后进行的处理的性质和处理结果,个人同意,作为可识别的数据主体,是需要的。

门之间的合作,以防止违规行为。①

（一）实现数据保护合规性

有效的数据安全始于估算公司拥有哪些信息并确定何人有权访问这些信息。了解个人信息进入公司、离开公司、在公司如何传播过程,了解何人可以、何人可能接触到个人信息,对评估安全漏洞至关重要。为了确定保护个人数据的最佳方式,必须理解数据流。

第一步是建立库存清单,包括所有台式电脑、笔记本电脑、移动设备、闪存驱动器、磁盘、家用电脑、数字复印机和其他设备,以找出公司存储敏感数据的位置。此外,信息应按类型和位置进行盘点。个人数据以多种方式存储在整个企业中,通过网站、承包商、呼叫中心等。必须在每个可能存储敏感数据的地方都进行搜索,只有做到这一点,所建立的库存清单才是完整的。

对公司现有的个人数据评估完成之后,就要对照法律规定,进行必要处理,对流入、流经、流出公司各种 IT 系统的数据进行监控和评估。最好的方法是确定提供服务实际所需的信息,而不是收集其他不重要的数据。但是,鉴于数据存储的成本下降了,许多公司采取不同的方法收集所有可能收集到的数据,但公司尚不明确这些数据将留作何用。这也适用于在移动设备上运行的应用程序,这些应用程序收集用户的过于精确的元数据,例如地理位置数据。对这些数据的使用应该施加限制,因为在这种情况下,非常容易产生数据保护侵权行为,公司因此将承担法律责任。

在制订隐私管理计划时应考虑许多步骤。这些步骤包括制定能够定义隐私计划活动的组织隐私政策,标准和/或指南。这些隐私计划活动包括教育和意识培训,把握及响应监管环境的变化,确保遵守内部政策,建立涵盖数据流和分类的数据清单。②

此外,必须准备数据保护影响评估（Data Protection Impact Assessments, DPIA）和必要的减缓措施,例如事件响应和适用的管辖区要求。此类评估旨在提供系统合规性的保证,这是通过外部审计强制执行的。

（二）隐私运营生命周期

在公司对其负责的整个生命周期中,必须确保流入和流出组织的任何

---

① Galetta and Kloza, N 1 et seq.; Weber, Internationale Trends bei DatenschutzManagementsystemen, 31 et seq.

② Danezis, Domingo-Ferrer, Hansen, Hoepman, Le Métayer, Tirtea, Schiffne, 3 et seq.

个人数据的隐私。这需要对现状进行评估,以确定当前隐私保护水平的基准。基于这些信息,可以创建有针对性的教育和宣传活动。

这些措施的成功必须通过内部政策加以监控和进一步完善,员工在执行任务时可以依靠内部政策。从技术角度来看,必须标记内部数据流并识别个人数据存储和流通。一旦完成,责任必须归于确保此数据处理操作符合数据保护要求的人员。

风险评估将使组织能够衡量其拥有的风险敞口以及为降低风险而采取的措施。除了这些措施之外,保险也是另一个进一步转移责任的工具。然而,任何保险公司都会寻求实施适当的保障措施来计算风险。因此,公司至少要降低关键数据隐私处理的风险。任何战略都将基于差距分析,差距分析的目的在于比较已实施的保障措施与数据保护法或保险公司制定的保障措施,而保险公司的保障水平通常比法律规定的最低保障水平高。

遵守《隐私法》并不只限于组织内部,也需要对经常提供核心数据处理服务的合同服务提供商进行详细评估。这些提供商还必须遵守公司的隐私和安全政策,明确传达谁可以访问哪些数据以及存储或处理的位置在哪里。在公司提供云服务时,这至少意味着公司要通知客户他们所使用的是哪些处理中心。

数据保护官的核心职能,特别是在较大的公司中,是就公司与内部利益相关者和外部利益相关者的种种不同关系进行维护。这么做旨在确保参与内部审计,实体和信息安全环境的所有各方之间能够有效沟通。作为监管者,与数据保护局建立牢固的工作关系对于了解合规所需的措施至关重要。这项任务包括了解在聘用第三方时合同要求的范围以及他们的监督和审计。[1]

然而,数据保护官不仅应该关注数字数据处理带来的风险,还应该关注日常运营的物理方面的风险。这包括看似简单的问题,如谁可以物理访问设备以及如何破坏文档等物理数据。由于计算机使用寿命短,需定期更换,这些设备上的存储介质必须完全擦除。物理防护措施(如阻止USB驱动器插入)也是确保不发生有意或无意数据复制的重要步骤,可以限制个人数据可能离开公司的风险。

(三)沟通和培训

以清晰紧凑、可接受的方式向员工传达与数据保护和数据安全有关的

---

① Staiger, Data Protection Compliance in the Cloud.

目标,对于确保数据保护管理计划在日常运营中得到体现是至关重要的。这包括树立员工的隐私意识,使员工了解公司内部外部隐私政策。确保政策的灵活性,以适应立法、监管和市场的要求。此外,制定内部和外部沟通方案,以使组织问责制深入人心,这是促进公司价值实现的重要内容。①

除了一般的交流之外,也要留意对文件的处理。例如,随着隐私要求的变化,公司必须识别、记录和维护需要更新的文档。培训不仅要延伸到员工或管理层,还需延伸到承包商,务必让他们了解公司的隐私政策。

这些隐私政策必须转化为具有可操作性的保护隐私的实际行为,这些实际行动有着标准操作流程,涵盖多个方面,如数据创建、保留、处置和使用以及访问控制、事件报告和主要员工详细联系信息等。

监控各种程序和政策付诸实践可确保持续合规。这可以通过使用适当的应用程序以及合规人员来完成。所有合规措施也应该能够适应任何监管或立法的变化,并且必须迅速向所有相关部门报告此类变化。定期的内部审计必须全部执行所有作用良好的合规制度。

(四) 对数据保护问题的响应

答复外部各方向公司提出的各种数据保护问题,必须经由专人批准,以标准化的形式进行。举例来说,这包括公司在与欧盟居民打交道时所要面对的信息要求。如果寻求额外访问权限,则应明确规定此类访问的边界以及更正或更改权利。②

监督并确保数据的完整性,并对潜在的隐患事件作出回应,这些必须成为响应计划的一部分。任何合规体系的目标都包括预防伤害和确立责任制两个方面。这样的响应计划必须列出关键员工的责任和角色。但是,它不仅应该包括内部员工,还应该考虑影响个人数据处理的第三方利益相关者。

沟通和公共关系部门也必须为各种事件以及妥善处理这些事件做好准备。由 IT、法律和专业沟通人员组成的专业事件监督小组应负责监督所有事件,并定期开会讨论对事件响应计划进行的任何更改。

管理层还应将事件响应计划纳入其连续性业务计划中。但是,在可能采取任何响应之前,必须确定事件。因此,隐私事件需要根据其影响进行定

① 例如,欧盟《通用数据保护条例》在第 30 条阐述了处理记录的要求。
② 详见例如欧盟《通用数据保护条例》第 12—21 条。

义和分类。在评估之后,应该启动一个报告程序,以及早向管理层发出警报。此外,还应安装监测软件等检测功能,以尽早提醒 IT 人员任何潜在的违规情况。但是,由于事件不仅仅是数字化的,而且在员工违规时也会出现在模拟世界中,因此应该建立适当的程序来处理这种情况。

从法律角度来看,法律通常要求事故响应计划须包含公司管理层的职责。这也是许多保险合同所要求的内容,一旦出现了由黑客攻击造成的安全漏洞,这些保险合同会对损失进行赔偿。这种回应还应记录所有采取的行动,以便不仅满足数据保护当局的要求,还要进一步调查事件并确定造成损害的程度。

(五)合规工具箱

由于隐私是一项基本权利,多部数据保护法也对隐私权做了相关规定,企业必须制定一项战略,以遵守来自许多方面的法律要求。第一,组织规则必须描述责任人的职能并将责任分开;第二,数据保护政策必须描述安全级别和为实现相应级别所采取的措施;第三,需要实施项目管理,并明确用户参与的条件;第四,开发数据密级方案以控制访问权;第五,必须引入足够的责任措施和对于审查程序的监督要求。

诸如实施隐私管理系统等私营举措尤为重要,因为在不久的将来,克服数据保护制度的两种主要监管方法之间的差异,似乎不太可能。① 一方面,一些国家或地区(例如欧盟成员国、瑞士和香港)拥有全面的数据保护模式,其中包含诸如数据处理和国际数据传输规定等核心原则,以及与电子隐私措施相关的具体规则。另一方面,一些国家实施了部门或自我监管或共同监管模式(例如美国和澳大利亚)。未来 10 年,不同的方法很可能保持不变,由于保护水平不统一,跨境数据流通将面临挑战。

欧盟《通用数据保护条例》第 4 章第 5 节是与"认证"(certification)有关的内容,其规定了让独立的第三方评估处理操作,这向统一数据保护合规性迈出了一步。这些认证附有行业认可的行为准则,这些行为准则可以让符合某一处理者要求、并且为其需求量身定制的标准得以建立。此外,由欧盟成员国数据保护局负责人组成的欧盟数据保护委员会(EU Data Protection Board,EDPB)有权针对某些处理操作或一般事宜发布准则,以确保《通用数

---

① De Hert and Papakonstantinou, 271 et seq.

据保护条例》在欧盟所有成员国内得到统一应用。①

（六）合同措施

公司通常都很随意地想要就各种问题签订合同。这包括数据安全义务以及所有相关责任。此外，除了数据安全之外，违反保密协议是合同谈判期间经常出现的第二个核心问题。因此，一些公司只规定了一条针对数据泄露的条款，该条款包含事故响应的规定，也包含有关通知和责任的规定，而较少数公司已经自行决定分别定义数据安全漏洞与基于数据披露的机密泄露，以区别这两种概念。这种行为是有理由的，因为根据数据安全条款无法获得赔偿的企业可争辩说向第三方披露数据是泄露机密，对方应负责任，以此来寻求弥补损失。

为了减轻这种风险，建议将泄露机密纳入数据泄露的一般责任条款或单独并狭义地界定此类事件。显然，云提供商的所有员工都应签署保密协议。根据其功能的性质，他们可能获得有价值的信息。一些企业还会设法确保云提供商无法获取任何信息，只会在必要的范围内具有访问权限以便提供服务。所有受访的云提供商都同意在这种情况下他们不希望访问数据，因为他们的核心业务在于提供通常无须访问数据就可以提供的服务。但是，一些云提供商（例如电子搜索云平台）必然需要访问数据以改进服务。在这些情况下，拥有访问权限的员工数量必须限制在一定范围内。还应记录所有系统的访问，以确保未经授权的人员无法访问。

大多数云服务在某种程度上包括个人数据。这是因为正在执行的任务或正在运行的程序（如 App）的元数据可用于挑出单个用户。其他风险基于云客户在云中处理的数据。但是，云提供商将尽可能少地访问它，并将更改数据的控制权完全交给客户。当之后需要将云提供商与控制者区分开来时，这一点就显得尤为重要。

实现云合规是一项重大挑战，需要充分的准备。包括实施合规清单，该清单考虑了最重要的因素，如数据安全。第三方 IaaS 提供商（如亚马逊云服务或微软）能够通过提供其认证和外部合规性检查来支持此流程。②

二、保密协议和内部协议

数据保护和保持机密性的核心要求是实施和控制流程，这些流程是为

---

① 欧盟《通用数据保护条例》第 6 章。

② Staiger, Data Protection Compliance in the Cloud.

了保护企业内的数据而建立的。这包括强大的保密协议(non-disclosure a-greements),该协议确保员工访问的数据不会在公司外披露,否则将承担大笔违约金。[①]

关于如何处理数据的内部协议,包括桌面整洁、桌子上锁、屏幕保护等,是所有的降低风险策略必不可少的一部分。大多数数据安全违规行为是由员工疏忽或故意造成的。至少,通过适当的培训可以避免无意的违规行为。

三、更新

软件更新既是一种风险,也是减少风险敞口的机会。大多数更新旨在修补已识别的问题并提高服务的可用性。缺点是,在运行的系统中,任何更改都可能会产生新问题,并且会导致新的入侵漏洞。通常会跨多个区域执行交错发布,以便在将更新推广到所有客户之前,识别任何可修复的故障。

四、保险

在数字世界中,任何提供服务的公司都需要保险为其保驾护航。保险包括基本的一般责任保险,可为数据泄露赔偿一定数额。然而,在实践中,这些有限的保险金额可能并不足以弥补因云数据泄露而造成的损失。[②] 因此,在确定采取何种措施以满足数据保护要求时,还应考虑安全漏洞并确定潜在的损失。然后,公司根据其个人风险状况寻求适当的保险水平。

如今网络风险是对企业的主要威胁。今天,公司如何管理和应对网络风险十分重要。公司需要决定要避免、接受、控制或转移哪些网络和数据风险。未妥善管理的数据很快就会成为公司的负担和昂贵的成本。当发生数据安全泄漏或网络攻击时,公司需要全面的网络保险保护,以便作出回应。这些保险计划价值5亿美元,平均索赔额约为70万美元。[③]

目前提供的覆盖范围包括:网络安全责任、隐私责任(包括员工隐私)、违约回应、隐私监管防御、罚款和处罚、错误和遗漏、取证、多媒体责任、支付产业罚金和罚款、网络业务中断、数据丢失、网络勒索和网络恐怖主义。与这些保险同时而来的还有7天24小时随时待命的事件响应专家团队。通

---

① 见附录访谈6。

② Weber and Staiger, Legal Challenges of Trans-border Data Flow, N 12 et seq.

③ 详见例如 Cyber Data Risk Managers https://databreachinsurancequote.com/request-a-cyber-in-surance-quote/。

常,保险公司还提供免费的网络风险评估作为其自身风险和保费评估的一部分。

基于数据泄露的索赔数量稳步上升,不仅涉及通常防范最为严密的财务数据,还包括员工记录。例如,加拿大灰鹰赌场的员工记录曾被泄露,被泄露的信息包括离职谈话、无工作能力救济申请等信息。[①] 其他例子还有某员工将 600 个健康文件复制到闪存驱动器中,但是随后该驱动器丢失了,造成数据泄露。[②] 但是,如果不当行为是故意的,并且由于缺乏足够的保护工具和程序,保险公司不可能对事故负责。即使在黑客案件中,企业也会受到影响,正如以色列公司 Cellebrite 案例所显示的那样,其中 900GB 的数据被盗用。[③]因此,所有企业都需要投保,即使某些行业在数据安全方面有特殊技能,认为自己得到了充分的保护,也是需要投保的。

第七节　确保数据安全

长期以来,为确保数据不被第三方无权访问,网络安全一直是许多学者以及企业关注的领域。通常在不同司法管辖区的规则对某些数据保护方面有精确的指导,但只是模糊地强调了网络和数据安全的要求。[④] 曾经,立法者的关注点在于通过强加固定要求来选定某一技术这种做法的风险。这可能违背了数据安全的目的,因为立法者没有能力或知识来确定什么样的安全技术是最合适的。这些技术也在迅速发生变化,并可能会在短时间内过时。因此,企业必须能够根据技术演进来调整其安全措施。考虑到风险、成本和收益,采取何种措施也可能因系统而异,因此应留给公司决定。

---

① Global News, Grey Eagle Casino employee information leaked in major privacy breach, http://globalnews. ca/news/3206136/grey-eagle-casino-employee-information-leaked-in-major-privacy-breach/.

② Data Breaches Net, Complete Wellness notifies 600 patients after employee misconduct results in lost PHI, https://www. databreaches. net/md-complete-wellness-notifies-600-patients-after-employee-mis-conduct-results-in-lost-phi/.

③ Motherboard, Hacker Steals 900 GB of Cellebrite Data, https://motherboard. vice. com/en_us/article/hacker-steals-900-gb-of-cellebrite-data.

④ 详见 Weber and Studer, 716 et seq。

一、一般措施

在加拿大,《个人信息保护和电子文件法案》(Personal Information Protec-
tion and Electronic Documents Act, PIPEDA)①规定,信息必须受到与其敏感
性相应的保护措施的保护。根据信息的敏感性、数量、格式和分布以及其
储存方法,保护措施的性质可能会有所不同。这些方法被广泛描述,包括
物理、组织和技术措施。这种基于原则的方法也在美国和澳大利亚得到
应用。

与这种方法的灵活性相伴而来的是该方法缺乏精准度,不能为企业的
合规措施带来法律确定性,而这种精度又是企业所要求的。为了解决这些
问题,监管机构根据以前的案例发布了指导性文件和报告。例如,美国联邦
贸易委员会(Federal Trade Commission, FTC)于 2016 年 7 月 29 日发布指南,
指出为满足合理和适当的数据安全实践水平,哪些内容是必要的。②

在美国,数据安全问题受 Wyndham 案例的三重不公平测试的影响。③
这包括成本效益分析,该分析考虑了许多相关因素,包括在网络安全级别既
定的情况下消费者可合理避免的伤害的可能性及可合理避免的伤害的预期
规模,以及采取相应措施消费者所花的成本。④

因此,企业要考虑到所有情况并采取合理措施,而这并不容易。在加拿
大,重点放在适当的保障措施上。这两种标准在应用中是否有所不同,必须
参照各自的国家法律进行审查。然而,表面上,他们看起来很相似。在英
国,标准低于加拿大,因为英国《数据保护法案》(Data Protection Act)规定,
只需要根据技术发展情况和实施成本采取适当的措施。根据所需的投资及
其结果,美国联邦贸易委员会的指南还包括成本收益分析。

在 LabMD 报告中,美国联邦贸易委员会侧重于以下因素:

第一,所处理的数据是否是需要公司内部注意留神的敏感数据;

第二,是否有适当的流程、程序和系统来处理信息安全风险,以及是否
有内部或外部专门知识可用于此主题;

第三,是否制定了保障措施评估,为任何处理过的个人信息提供所需的

---

① 《个人信息保护和电子文件法》(S. C. 2000, c. 5.)
② 详见 LabMD Inc. v. Federal Trade Commission, (11th Cir. Sept. 29, 2016)。
③ FTC v. Wyndham Worldwide Inc., 799 F. 3d (3d Cir. 2015).
④ Ibid, N 255.

保障措施;

第四,是否存在根据风险采取保障措施的风险平衡。

因此,当企业收集大量敏感的个人信息时,需要考虑上述因素的治理框架。① 在 Ashley Madison 案中,美国联邦贸易委员会强调公司缺乏能提供明确的安全预期的书面政策和实践。此外,公司还缺乏明确的风险管理流程。没有这种定期评估,就不能确定为降低安全风险而必须采取的适当措施。如有必要,这些专业知识必须在外部获得,并且须符合被处理信息的性质和数量。重要的是,书面的风险管理框架必须指导企业在面对风险时如何确定适当的安全措施。

有趣的是,美国联邦贸易委员会观察到该公司一直在评估是否要从外部获得有关数据安全的专业知识,但该最终决定放弃这种做法。这种需求分析能否用于评估现有措施还有待观察。

有些做法已成为通用标准,所有处理个人信息的组织必须实施,如多因素认证。该技术由三部分组成:第一部分是用户知道的信息,第二部分是用户拥有的东西,第三部分是用户内在的东西。许多系统只关注第一部分,缺乏其他两个要素。②

密钥和密码的管理实践也必须进行调整,以确保第三方不可能访问数据。这包括不将这些凭据存储在共享驱动器上,并充分保护内部系统。重要的是,应该限制员工访问密钥的能力,并且绝不会以未加密的方式存储任何登录信息。一旦黑客利用人为错误进入系统,黑客往往可以在系统间自由移动,因为已经发生了身份验证。

除了一般的数据保护法的要求,有时采用专门立法,如《健康保险流通与责任法案》要求将风险和漏洞识别作为一般合规程序的一部分。从技术角度来说,国家科学技术研究院提供 IT 系统中关于风险管理的指导方针。正如下表所示,数据安全违规行为通常是雇员或第三方访问数据不当造成的,而非外部黑客的攻击造成的。③

---

① PIPEDA Case Summary 2016-005 Joint investigation of Ashley Madison by the Privacy Commissioner of Canada and the Australian Privacy Commissioner/Acting Australian Information Commissioner, para 10.

② PIPEDA Case Summary 2016-005 Joint investigation of Ashley Madison by the Privacy Commissioner of Canada and the Australian Privacy Commissioner/Acting Australian Information Commissioner, para 72, 73, 80.

③ Compliance and Safety LLC < http://complianceandsafety.com >

Hippa 隐私侵犯类型	各类型占比
数据未经受害者授权的公开	20%
数据遭到黑客攻击	6%
数据处理不当	5%
数据无故丢失	12%
实体数据被盗	55%
其他	2%

如今,下列措施应该成为任何风险评估的基础:[1]

第一,安装入侵检测系统;

第二,进行文件完整性监控;

第三,进行系统渗透测试;

第四,更新病毒扫描程序和进行定期检查;

第五,进行书面协议的人工检查;

第六,进行有效的防火墙,包括数据流通监控。

较高的监控要求会给用户隐私带来挑战,因为实施监控就要以这样或那样的方式访问被传输数据以评估数据传输是否合法。因此,尽管这种措施旨在增加安全性,但它可能会影响隐私。

虽然提供的指导是非常基础的,但它是迈向确定性的第一步。然而,就线上提供商品和服务的公司而言,任何此类措施都会影响这些公司所采取的安全措施。企业文化通常是管理层和企业如何处理安全问题的重要组成部分,以及是否存在为此类措施设置足够资源的意愿。

二、安全和物联网

物联网进一步增加了数据收集、传输和存储的复杂性。在这种情况下,令人兴奋的新技术使生活变得更加简单,但与此同时新技术设备也在不断收集人们的信息。

物联网增加了新的安全维度。例如,不安全的连接可以使黑客不仅能访问设备传输的机密信息,而且也能访问用户网络中的其他所有信息。此外,在物联网中,风险不仅仅在于披露或删除数据。如果家庭自动化系统不安全,那么犯罪分子可能会覆写系统设置,使本来关闭的住宅大门打

---

[1] Beardwood and Bowman, 171.

开。例如,如果黑客能够远程重置医疗设备(胰岛素泵或心脏监护仪),可能对病人的身体造成严重的伤害。

因此,在审查此类设备时,必须适当留意所实施的安全措施。基于物联网的复杂性,没有单一的清单可以涵盖各种形式的设备。

与孤立(即非连接)系统相比,物联网环境中的一个关键安全挑战是恶意攻击[1]的总体风险增加[2]。这可能归因于以下因素:[3]

由于开发物联网设备的便捷性和低成本以及智能连接设备的高使用率,物联网生态系统将于未来几年在数量和品种上保持稳定增长。[4] 各公司和组织发布信息,预测未来几年内会与互联网紧密相连的事物。高德纳公司(Gartner)的一项保守预测强调,到2020年,全球使用的联网设备数量将达到208亿。[5] 思科公司(Cisco)预计到2020年,联网设备的接入量将达到500亿。[6] 华为预计到2025年,这种联网设备的数量将达到数千亿。

虽然具体数字尚不确定,但整体情况很明显是大幅增长的。[7] 直接的结果是,将会有大量以互联网为基础的设备处于动态运行状态,这些运行的设备需要充分的保护。由于在没有适当考虑安全问题的情况下,物联网快速发展,因此智能设备本质上是不安全的。[8] 惠普公司2015年的一项研究表明,70%的物联网设备存在严重漏洞。[9] 这些漏洞源于以下方面:[10]

第一,缺乏传输加密。许多物联网设备只是简单的"单元任务执行者",而且所有设备都有成本、规模和处理限制(额外的处理能力增加了成本)。[11] 这意味着大多数设备不具备强大的安全措施和安全通信所需的处理能力,如加密。例如,8位微控制器,其功能仅仅是开关灯,不能支持加密套接字协议层(Security Socket Layer, SSL)这一行业标准来加密通信,[12] 这种微控制器

---

① 系统攻击面可以被定义为攻击者可以用来攻击系统的资源的子集(详见 Manadhata and Wing, 4)。

② Ernst & Young, 8 et seq.

③ Weber and Studer, 719.

④ McAfee Labs, 21.

⑤ Gartner 新闻稿。

⑥ 详见 the Cisco White Paper, 1。

⑦ 详见 Huawei, 43。

⑧ Internet Society, 2.

⑨ Khoo, 709.

⑩ Hewlett Packard, Internet of Things Research Study.

⑪ Symantec White Paper.

⑫ Verizon, 63.

只能以非加密的形式传输数据。① 鉴于智能设备、云和移动应用程序之间传输了大量数据,这在物联网环境中当然是有问题的设备。②

第二,认证和授权不足。密码要求过低,误用或缺少周期性密码重置,无法对敏感数据进行重新认证,均会导致认证或授权不足。薄弱的认证和授权会影响整个物联网系统。③

第三,不安全的 Web 界面:Web 界面的安全问题包括持续跨站脚本、不良会话管理(session management)、薄弱的或过于简单的默认凭证(可以通过枚举账户直到访问被授予为止)。④

第四,不安全的软件和固件。由于资源限制,大多数物联网设备的设计都无法适应软件或固件更新(这会增加成本)。因此,修补漏洞很困难。⑤ 这是有问题的,因为设计无漏洞的软件"几乎是不可能的"。⑥ 另外,在有更新可用的情况下,许多设备似乎并未使用加密来进行软件更新下载。⑦ 因此,连接设备数量激增,加上物联网设备众多安全缺陷,正在将安全范例从硬件转移到处理设备的网络。就安全性而言,每一件东西都是攻击的潜在切入点,这看起来像是在貌似网络安全的军备竞赛中造成了很大的不平衡:虽然防御者必须确保生态系统的每一个部分都是安全的,但攻击者所需要的只是一个单一的入口。因此,"任何联网的设备都变成长链条中的一环,强弱程度完全取决于最弱的一环"。⑧

美国联邦贸易委员会概述了一些应该考虑的因素,包括:

第一,鼓励建立企业内部安全文化,包括指定负责任的安保人员和培训工作人员;

第二,将安全性作为设备设计的核心部分(安全设计);

第三,在服务提供和数据访问的每个层面实施深度防御策略,也将提高

① Verizon, 63.

② Shackelford, Raymond, Balakrishnan, Dixit, Gjonaj, Kavi, 9.

③ The Open Web Application Security Project (OWASP) of the Top 10 Insufficient Authentication/Authorization, https://www.owasp.org/index.php/Top_10_2014-I2_Insufficient_Authentication/Authorization.

④ Gwarzo, 3.

⑤ Russell, Data Security Threats to the Internet of Things, https://www.parksassociates.com/blog/article/data-security-threats-to-the-internet-of-things

⑥ Choi, Fershtman, Gandal, 869.

⑦ Ibid, 870.

⑧ Gwarzo, 3.

整体安全性并减少入侵者可能造成的潜在损失;

第四,根据所涉及的风险水平分配资源,对最严重的风险优先分配资源,如资源充沛,再对其他风险分配资源;

第五,避免使用默认密码,除非消费者需要更改密码;

第六,实施最先进的自动加密并在必要时进行更新;

第七,将"盐"(salt),即随机数据添加到散列数据中,以使攻击者更难造成破坏;

第八,使用速率限制,这是一种用于控制网络发送或接收流量的系统,以降低自动化攻击的风险。

通常应该非常自由地传输这些设备的数据以最有效地使用该服务,但是这造成了安全性的紧张局势。① 在收集的数据可能敏感的情况下,使用密码和令牌的双因素身份验证似乎是合理的。通常,攻击的主要风险在于各种 IoT 设备的通信和交互,如果这些设备没有得到适当的保护,则入侵者可以通过漏洞劫持物联网设备。

但是,首先也是最重要的一点是,所有公司都不能将未进行安全风险检查的物联网设备投放市场。这要求不仅要考虑设备,还要考虑客户可能如何使用该产品,包括任何周边可能会影响设备安全的技术。

一旦确定了最初的安全性,企业还应该注意维持该安全级别。在物联网设置中,定期软件更新很常见,可以增加新的服务和功能。安全措施也应该更新,以确保软件更新不会产生新的安全风险,这些新风险在软件被自动推入物联网设备之前,必须得到解决。另外,当设备不再更新时不能再保证安全性时,必须通知设备的用户。此时,用户必须决定是否保留旧设备并接受安全风险,或购买新的先进设备。

在物联网设备上制造和安装软件的公司也应该及时了解其他市场参与者发现的任何已识别的漏洞。由于物联网设备制造商依赖其他供应商提供部件或软件,这些供应商也可能带来风险。这是因为他们的产品设计还可能包含可被利用的缺陷,这就是为什么应该维护供应商技术使用登记册,记录他们在生产设备时所使用的技术,并定期对照国家漏洞数据库进行检查。供应商还应该建立一个渠道,通过该渠道,安全研究人员或消费者可以向企业告知他们在其产品中发现的风险。可以考虑热线的方式,如一个在网上

---

① 一般概述详见 Weber, Internet of things: Privacy issues revisited, 618 et seq。

很容易找到的,定期查收的邮箱。不要依靠一个"联系我们"的链接,因为这种链接通常只会发送自动回复。关于产品安全问题的严肃咨询需要得到严肃的回复。

给予发现漏洞的人"错误赏金"①奖励,是使用第三方的可用技术知识来确保安全性的好方法。

最后,安全也应该被理解为一种营销手段,如果能够有效地传达信息,即使潜在客户不了解其中复杂的工作方式,也能让他们放心购买新的令人兴奋的技术。②

三、信息技术采购的劳动法挑战

数据保护法和其他法律都会影响 IT 服务的采购。例如,在德国,重点放在规范临时代理工作上。这影响了外部提供商与其服务伙伴的共同合作。在此背景下,法律只侧重于实际的日常合同实施。当 IT 公司的员工在客户的公司执行临时任务时,该企业可以指导该员工,尽管该员工受雇于 IT 公司。

基于数字化的增加,越来越多的 IT 项目被外包并分配给这些承包商。从本质上讲,这些外包合同要求承包商承担不同性质的工作。如果结果不符合既定目标,则该合同触发担保权利,合同方可以依赖相应的担保权利。

另一种可用的合同形式是服务合同。该合同的优点是只需要履行某项服务,并且不会对缔约方造成任何损失。因此,担保权利仅适用于有限的方式。但是,执行和组织服务的责任在于服务提供商,而且员工通常不受客户指示的约束。

为了避免任何潜在的冲突,承包商应确保其员工从事的工作不是服务供应员工的工作。此外,在自由职业者方面,出现了困难,这些人员通常是基于服务合同工作,但实际上却是受客户每天的指示工作。

2013 年,包括戴姆勒(Daimler)和德国电信(Telekom)在内的牵涉大型德国公司的几起法庭案件,引起了极大的关注,纠纷是由于外包工作模型定义不充分引起的。外部合同工声称他们是这些公司的实际雇员,尽管他们与雇主服务公司签订了合同。临时工市场反应迅速,公司开始要求"查看"劳务派遣的执照。通过索要所谓的"储存许可证",这些公司试图保护自己,

---

① 为发现系统中可被黑客利用的漏洞支付报酬。

② Federal Trade Commission, Building Security in the Internet of Things, 3.

远离由于缺乏临时合同或没有发现存在劳务派遣的情况而可能产生的官司。①

但是,由于法律的变化,合同条款将不足以保护合同业务免受此类诉讼的侵害。在这些案件中,承包商将会支付罚款、社会保险以及其他款项。

判例法的一个重点是强调工作组织中的整合标准,并以指示为主要标准。② 然而,指示标准也提出了挑战,因为承包商总是需要某种形式的指令才能够在大公司内执行任务。未来,储存许可证将消失,每一份此类性质的合同都必须明确声明是临时代理工作。此外,IT 服务提供商与客户公司之间的合同细节必须告知员工。

但是,这些代理合同还没有确定时间限制。然而,合同不能无限期地执行,因为这样就不能称其为一项临时任务了。③ 目前,德国正在起草一项新的修正案,将该合同期限设为 18 个月,在员工可能再次被派送到同一客户之前,需要至少 3 个月间隙。雇佣合同超过 18 个月为无效,这一风险取决于客户。

在这种情况下,新的雇佣合同将自动在代理机构的客户和已派遣的员工之间生效。④

重要的是,支付和工作条件必须与已为该客户工作的员工相同。从经济角度来看,只有当对方承担业务下滑的负担和成本高昂的裁员风险时,劳务派遣才有利。重要的是,当发现隐藏的劳务派遣合同时,双方都会受到处罚。因此,他们应该尽量把多种合同特征都包含在他们想要签订的那一种合同类型之中,以便稍后争辩说没有临时代理合同。

作为结果,所有与欧盟机构签订合同,以便在一定期限内向其提供 IT 员工或其他员工的公司,都必须密切关注国家法律中关于临时工作的法律条文,这些法律条文可能对此种临时工作施加严格的限制。因此,由于欧盟强力的劳动保护法,在欧盟获得专业的自由职业顾问比在美国要困难。

---

① 联邦劳工法院 (Bundesarbeitsgericht, BAG), decision of 12 July 2016, Case No. 9 AZR 352/15。

② BAG, decision of 30 January 1991, Case No. 7 AZR 51/90。

③ BAG, decision 10 July 2013, Case No. 7 ABR 91/11。

④ Sec. 9 Nr. 1b & Sec. 10 Nr. 3 AÜG。

第四章
未来发展展望

通过引入新的沟通形式及大量基于云系统的生产工具,技术发展在过去 10 年影响深远。然而,这些工具在其运作方式、所产生的潜在隐私和数据保护方面产生了很大的不确定性。通常用户不了解云服务的复杂配置,因此必须依赖云提供商的数据保护和安全措施。

IT 系统的独立第三方认证是一个很好的途径,这可以确保更加透明地传达服务所涉及的风险级别。但是,此类认证只能对给定的时间点进行判断,并且只能在固定的时间段后重新评估。在此期间,可能会发生很多影响服务用户的变化。因此,除了行业保护之外,还应在国际层面制定法律最低标准,以确保基本措施和保护的落实。

第一节 塑造全球隐私

许多云提供商及 IT 行业专业人士在受访时表示,欧盟正通过域外适用实施当下全球数据保护标准。受访者们认为欧盟在此过程中应该制定一项条约,其他国家可以成为该条约的缔约方,以解决在欧盟《通用数据保护条例》宽泛规定范围内出现的一些冲突。这将允许其他国家有意义地参与数据保护讨论,否则他们会受到欧盟《通用数据保护条例》的影响,却对此无能为力。

联合国等国际层面的解决方案需要花费太多时间,并可能被安理会成员否决。因此,新老规则融合以及适应新技术新服务的规则调整将是未来几年发展的主要方向。基于欧盟及其强大的数据保护框架,其他国家将在一定程度上遵循这些规定,以便能够处理来自欧盟的数据。

除了正式法律规定之外,还应该建立国际机构,以便在全球范围内协调数据保护规则,并为数据保护规则的讨论和发展提供平台。这对于后来可能达成的国际协议的民主合法化至关重要。① 必须实现法律规范同步,这不仅直接涉及数据保护,还涉及影响数据保护有效性的其他因素。考虑到对创新高科技发展情况的影响,需要在社会上公开探讨各种挑战性问题以及如何取舍。②

目前,混合式数据保护规范方法提供了最好的出路,因为该方法考虑到明确规则的需求以及不同行业的技术能力,可以使不同行业能够基于行业适用的特点建立行业内技术上、组织上的数据保护框架。

未来的立法应该包括下面五个方面:③

第一,知情权立法,让用户知情;

第二,禁止性立法,禁止某些类型的信息收集和分发;

第三,IT 安全立法,提供必要的安全标准;

第四,使用性立法,限制使用已收集的个人资料;

第五,专案组立法,允许技术群体解决技术转型带来的隐私挑战。④

行业专家普遍认为,法律没有充分考虑线上行业的实际需要,而且立法者缺乏技术知识。此外,立法过程中固有的路径依赖、国际范围内法律的可执行性,都给法律效力和法律适应市场条件的能力打上了问号。⑤ 标准制定机构可以填补监管空白,这些机构与大公司一起塑造了全球隐私格局。

因此,在很多方面全球范围内规范隐私的制度都非常复杂,规定不明。通常,收集信息的公司也是新信息的创造者,使得现在这个数据世界高度多层次化,难以监督。那么即使实施了措施,也很难评估这些措施在法律和技术方面的成效。最后,无论是国家立法层面还是国际立法层面提出的方法,都应当能够衡量隐私措施的成效,以防止对创新产生负面影响。⑥

┃ 第二节　监管成效

就更广泛的层面来说,过去 10 年表现出利用立法规范及治理网络空间

---

① Mayer-Schönberger, 612.

② 详见例如 Baldwin and Cave, 25 et seq。

③ Weber, How does Privacy change in the Age of the Internet, 283.

④ Weber, How does Privacy change in the Age of the Internet, 283.

⑤ Mayer-Schönberger, 614.

⑥ Thierer, 1055-1105.

问题强烈的趋势。然而,目前尚未表明其是最佳策略,这是由于快速的技术发展和缓慢的立法程序相互抵触。访谈还表明,企业会通过调整供应方式或寻找变通方法等不同的方式应对立法措施。

就欧盟《通用数据保护条例》而言,许多尚未明确的定义和规则使得公司都能够按最优惠的条款经营业务,直到多年以后在法院决定限制其解释,这种情况才停止。向美国传输个人数据的问题就是这样一个例子,因为企业可以依靠《隐私盾协议》例外情况或标准合同条款来处理数据。但是,两者皆没有提供足够的数据保护,只是用来证明合规性的烟雾弹。

许多变量在有效调节数字世界的隐私方面发挥着作用。这些变量包括接受新技术,提高我们日常生活效率。创新和技术发展不会止步不前,那么法学家的任务是确定哪些法律概念仍然适用于数字时代,放弃其他须由新概念或更合适的概念所取代的法律概念。这是非常具有挑战性的,因为现有的法律规范是建立于百年历史的原则和观念之上,如财产的概念不容易转化适应数字时代,而且会经常与其他法律(如数据保护法律)发生冲突。因此,寻找解决这些问题新方法,需要在国际层面进行进一步的研究,对于如物联网、大数据和人工智能等新技术,这些方法有助于在更高层面协调法律。

除了国际层面努力之外,须就隐私规范至少达成部分社会共识。① 这一共识将作为前法律规范(pre-legal norm)进入法律体系,并与现有的法律规范相互作用。② 在这种情况下,学习机制对于缩小社会价值观、现有监管规范和技术发展之间的差距至关重要。规范设计方式必须允许实施多种监管模式和工具。③

将强化隐私保障技术以及从设计着手将保护隐私(也称为"隐私设计")置于规范性框架,是法律将隐私纳入产品设计或服务设计的一个良好例子,这也同时为企业留出充分的余地,来决定如何最有效实施隐私保护。

---

① Nissenbaum, 186 et seq.
② Belser, 19-45.
③ Weber, Legal Interoperability, 12 et seq.

附　录

美国政府访问信息比较表

美国的监视框架严重影响跨国企业与公共机构开展业务与合作。下表概括了美国政府访问信息的现行规定以及政府对相关问题的答复。

	《国外情报监视法案》	美国第 12333 条行政命令——美国情报活动(E.O. 12333)
基本问题		
该法规在何处适用？	美国境内网络。	美国境外网络。
该法规由谁制定？	美国国会及国外情报监视法庭。	美国总统。
该法规是否存在法院监督？	存在。	不存在。
收集信息手段		
美国国家安全局可以大量收集、存储有关美国人相互联络的"元数据"吗？	可以，但国会可能很快会削弱美国国家安全局这一权力。	可以。
美国国家安全局何时可在没有法院指令的情况下任意窃听、储存美国人的信息？	只有当美国人正在和外国目标谈话或谈论外国目标时。	当美国人正在和外国目标谈话、谈论外国目标时，或者当这类信息已经被批量存储及扫描时。
元数据		
美国人账户何时可以被用来分析元数据中社会连接的起点？	当法官判定该美国人与恐怖主义的联系具有"合理、清楚的可疑性"时。	其具有未经司法许可的国外情报目的。
分析师观察人们的数据时，可以观察账户中多少个社会链接？	两个。	不受限制。

续表

	《国外情报监视法案》	美国第12333条行政命令——美国情报活动(E. O. 12333)
存储内容		
美国安全局可以与其他机构,如联邦调查局和中央情报局等共享未经评估的被拦截信息吗?	可以。	现在不可以,但行政部门正在起草允许这种分享的规则。
在没有搜查令的情况下在数据库里搜索美国人的信息需要什么权限?	不需要高级权限。	司法部长必须认定该美国人是外国势力的代理人。
政府可以依据出于何种目的,采用名字或关键词在数据库中搜索美国人的信息内容?	为了获取国外情报或因联邦调查局展开刑事调查。	为了获取国外情报。
如分析师偶然发现美国人的交流记录,他们应该如何处理?	分析师应清除记录,除非该记录与情报、犯罪或人身伤害的威胁有关。在实践中,分析师常在5年期限将至时才清除,这时犯罪证据已经移交至给司法部。	
犯罪证据		
检察官在法庭上指控刑事被告时,所采用的证据是来源于没有搜查证的监视行为,检察官是否应该告知被告?	应该告知,因为近期政策有变。	无须告知。

表格来源:2014年美国境内和境外的 Savage 和 Parlapiano 两套监视法规。

访谈摘要

2016年7月和8月,我们在美国加利福尼亚进行了访谈,以下是部分访谈记录。定性访谈是以开放的形式进行的,在介绍阶段首先对商业运作进行了描述。随后,采访的重点是数据保护和数据安全问题,它们基于受访者的经验。

一、访谈一（软件即服务）

A：贵司在哪里处理数据？

B：我们的客户选择他们想要处理数据的位置。我们在美国、英国和印度提供数据处理服务。一些数据也在以色列进行处理，这是客户服务热线的一部分。但是，如您所知，以色列被视为具有与欧盟相同的数据保护等级，因此我们可以自由地转移合同信息。目前只有一位欧盟客户选择在美国进行数据处理业务，其他所有客户都希望他们的数据在欧盟得到处理。这主要是一个政治问题，取决于公司的所在地。自然的，美国公司会更倾向在美国进行数据处理，而欧盟公司则希望这些数据在英国被处理，因为其他任何选择对欧盟公司都难以接受。

A：贵司是否依赖 IaaS 提供商或贵司在美国、英国和印度的云端是如何设计的？

B：我们不使用公共云提供商。我们使用的所有服务器都是自有的，并且与其他服务器分离。它们由第三方承包商提供。

A：您如何确保这些数据安全？

B：我们的提供商除了通过 ISO 27000 认证之外，还有义务满足一定的安全要求。我们还通过了 SSA 和其他所有主要信息安全认证。

A：为了符合欧盟《数据保护指令》，贵司目前使用的数据传输机制是什么？

B：我们使用标准的合同条款，因为它们很容易实施，并允许我们无限制地传输数据。

A：这些条款是否为贵司提供了足够的灵活性？

B：是的。

A：贵司的客户对斯诺登泄密事件作出了怎样的反应？是否影响到贵司的业务？

B：通常来说，欧洲客户对数据保护更加在意。但是，与我们打交道的公司都是大型跨国公司,这些公司非常老练,知道我们可以提供所需的保护。根据《爱国者法案》的规定,我们还评估了信息披露的风险,并认为实际上这不是一个大问题。

A:贵司对欧盟《通用数据保护条例》的看法如何?它如何影响贵司的业务?

B:我们正在密切关注欧盟的发展动态,特别是英国的近况。但我们已经告知客户,我们将采取一切必要措施来遵守数据保护法,并且我们有能力做到。如果英国不再是欧盟国家,我们可能需要将数据从英国迁移到另一个欧盟国家,但我们会等待,直到这一天到来。

A:贵司对识别个人数据有什么问题吗?或者对欧盟《通用数据保护条例》所规定的比较宽泛的个人数据定义有问题吗?

B:没有,我们能够识别什么是个人数据。但是,我们将所有数据都视为个人数据,从而避免任何这方面的问题。另外,只有需要访问数据的人才有权限访问数据,并且我们会对其进行严密监控。例如,编码员无法访问客户数据,因为调整系统时不需要这些数据。

A:贵司有没有考虑使用其他条款替代标准条款?

B:我们看了 BCR 框架,然而,它并没有实际的好处,而且成本会比使用标准条款高得多。我们将继续使用欧盟《通用数据保护条例》下的标准条款,并在条款发生变化时与客户一起进行调整。

A:贵司如何看待欧盟《通用数据保护条例》及其域外适用?

B:我认为数据保护问题更多是一个政治问题。我们的欧盟客户经常来找我们,并告诉我们他们知道法律允许这样或那样,但由于他们内部的原因,需要寻求再次保证。大多数公司的政策已经发展了很多年,人们像遵守法律一样遵守公司的政策,而现实中的规则更多。德国工会往往寻求额外保证,这也是我们非常乐意提供的。我们的观点是,我们对如何处理和使用数据持开放态度。通常这不是法律要求我们去做的,但我们仍然采取这样的政策。客户有时会对我们被允许做的事情感到惊讶,但我们告诉他们,所有其他公司也在这样做,只是他们没有告诉你。欧盟有一个很高的数据保护标准,它希望作为全球标准在全球推广。欧盟应该坚持这个立场,并以这种方式进行沟通。在任何情况下这都无法避免。

A:贵司如何应对目前的法律不确定性?

B:我们的团队定期与 IT 和营销部门会面,并讨论潜在问题以及如何处理这些问题。通常客户已经自己做好了功课,并告诉我们他们想要如何处理某些情况或问题。

A:所以贵司赞成全球标准?

B:是的,这将实现自由的数据传输。最好可以采取欧盟条约的形式,然后由其他国家共同遵守。在联合国一级,这似乎是不可能的,因为它会被否决。

二、访谈二(咨询)

A:云环境设计中的关键因素是什么?

B:安全的数据环境非常重要。有趣的是,这可以通过开源软件来实现,因为数百名专业人员致力于改善系统,而不是公司内的少数程序员。关于《健康保险流通与责任法案》,我曾经遇到过基础架构合规性并不符合《健康保险流通与责任法案》的适用情况,特别是应用程序在云端中运行时。在设计应用程序时如何实现各种法律,如《萨班斯-奥克斯利法案》所规定的内容是很困难的。

A:贵司的客户是否有关于识别个人数据的问题?

B:是的,数据位置总是一个问题。通常使用登录凭证来确定谁是个人客户,从而确定哪些适用法律。但是,登录凭证并不能总是非常好地预测谁是个人客户,因为 IP 地址可以通过 VPN 进行更改,或者其他人使用了登录凭证登录。这些问题将是持续的挑战。特别是对于小公司来说,因为所需的系统很昂贵,数据识别是一个很大的问题。

A:新兴企业有哪些担忧?

B:这些公司专注于增长,并且大多数在一开始的时候不涉及欧盟业务。随着公司发展,数据隔离成为一个重要因素。对于新兴企业来说,云端能够提供的巨大好处是能够拥有基本的基础设施,由一个经验丰富的提供商,如

AWS,提供所有必要的安全要求,并且能够根据业务增长进行扩展。

A:主要提供商是否都提供相同的服务,或者您是否会为了特定的处理操作而选择某家提供商而不是另一家提供商?

B:AWS 和 Microsoft 大都是相似的,如果是私有云的话,Rackspace 更有可能被选择作为提供商。谷歌有一些落后。关于隐私方面,这几家公司是一样的。他们与企业签订企业许可协议,可根据使用情况进行积分。他们都提供区域产品。AWS 在欧盟有 2—3 个服务器中心,在亚洲有 2—3 个服务器中心,并且提供 4—5 个区域产品。

三、访谈三(信息技术安全)

A:请描述您所看到的云产业趋势。

B:云市场的趋势已经转向更加综合的服务,提供全方位的服务,包括业务运营的各个方面。欧盟服务器市场一直在增长,云提供商如 AWS 和 Microsoft 都在欧盟建立了服务器中心。价格也出现了大幅下跌。

A:您认为欧盟和美国的云服务器产品有很大的价格差异吗?

B:没有,即使有,差异也非常小。大多数国际公司与 AWS 签订的是大合同,允许他们在全球范围内转移和复制数据,因此服务器之间不存在价格差异,因为协议基于所使用的服务而不是位置。

A:云客户在不同国家的服务器中心转移其处理操作有多难?

B:在云服务中相当容易。由于在很多地区有服务器,数据可以在几秒钟内通过高速连接切换。在一天结束时,公司决定在哪里存储数据,并决定哪个中心最有效地提供了服务。

A:欧盟数据保护框架如何影响这一过程,以及它在多大程度上提出了挑战?

B:目前最主要的是,小型公司并不会马上受到制裁,因此他们更关注提供服务。然而,在 B2B 的情况下,通常数据只会被允许在欧盟的服务器上转移。最重要的方面,也是我们最活跃的领域,是确保在各种云系统中实施适当的安全控制。这包括基础设施去耦和所有合同约定管辖区域绘制。AWS

提供4—7种不同的部署模型,这些模型符合欧盟的数据保护法律的合规性要求,因为其允许在欧盟内单独处理。

A:数据保护方面的合规成本是一个问题吗? 或者 AWS 等提供商可以为小型企业提供完整产品组合吗?

B:是的,成本总是一个问题。欧盟数据保护法律增加了另一层复杂性。小型提供商若想证明合规性,具有由经 AWS 认证的安全结构是至关重要的。

A:您在日常工作中如何确保客户云系统的安全性,以及您会留意哪些东西?

B:我们通常提供从简单检查到全面评估的所有项目,其中包括政策和程序、灾难恢复系统。

四、访谈四(软件即服务)

A:请简要介绍一下贵司的业务运营。

B:我们为大企业在云端存储和管理法律文件,并为各种项目聘用专业律师提供便利。

A:贵司处理什么类型的数据?

B:我们处理各种形式的数据。我们的工作主要是行政管理,因为我们简化了律师计费过程,并实现了有效的服务选择过程。我们的客户将他们的数据上传到我们的律师可以访问数据的云服务器,这些数据可以是保密协议、复杂的商业合同或并购交易。这些数据与其他数据是分离的,以确保只有客户和律师才能访问它。我们不知道也不想知道文件中的内容。我们只收集包含客户信息和文档类型的文档身份证件。但是,我们不知道对方是谁,也不知道文件的内容是什么。

A:贵司使用自己的服务器还是第三方提供商的?

B:我们使用的软件是自己的,基础设施则是由 AWS 提供的。

A:贵司内部的数据保护主要关注什么?

B:由于我们存储了大量机密信息,包含与法律特权有关的信息和有商业价值的信息,因此我们主要关注的是数据安全漏洞。这就是为什么我们仔细审查律师并要求他们完成双层认证才能登录我们的系统。此外,他们需要加密他们的笔记本电脑上的硬盘驱动器,以确保没有人可以通过丢失或被盗的设备访问数据。他们一开始就从我们这里收到必须实施的具体要求清单,然后我们检查他们是否遵循这些要求。因为律师往往不太熟悉这项技术,他们通常会遗漏一些事情。有时他们会抱怨登录过程太复杂,但我们会向他们解释其处理的数据所涉及的风险,这对保护客户是必要的。

A:贵司的业务客户是否有时候会回绝你们处理数据的方式?

B:有时会,更老练的客户会向我们发送一份清单,列出关于处理操作的疑问,这些问题是我们必须回答的。到目前为止,大家都对我们的回复感到满意。有时,小企业会对我们云存储的安全性提出质疑。在这种情况下,我们向他们展示拥有先进 IT 和法律团队的大型跨国公司已经评估过并信任我们处理事务的方式。在说服客户方面我们还有很长的路要走。我们公司已经经营 4 年了,我们感觉到人们对数据泄露的意识有一些提高。但是,当我们正在与大型商业客户打交道时,让他们了解所涉及的风险,并且懂得没有任何系统百分之百安全。我们主要担心的是客户的登录凭证在他们部门内共享,由此可能导致数据泄露。我们确保告知客户,并在合同中强调,这些风险。

A:贵司有排除条款或云保险来限制责任吗?

B:我们使用标准合同排除条款,排除超出我们控制范围之外的责任。我们只有一般保险,没有针对数据安全漏洞或云操作本身的特殊保险。随着我们公司的发展,这可能是需要研究的问题。

A:贵司的客户和他们的律师如何沟通,是通过你们的平台吗?

B:我们的平台上没有通信工具,但我们正在试用 Slack(一种基于云的通信工具)。大部分通信仍然通过电话完成。

A:贵司是否进行任何数据分析?

B:是的,我们使用文档身份证件数据为我们的客户编制报告,例如某一方向客户发送了多少投资指南。此外,我们还收集计分卡上包含的信息,以计算保密协议及托管百分比等文件的平均周转时间。

A：贵司的服务器上是否有任何敏感信息，如健康数据？

B：我会说没有。我们不想知道这些文件包含什么，因此我无法给你一个明确的答案。我们的客户主要是金融机构、房地产公司，因此他们不太可能将这些数据存储在我们的服务器上。

A：贵司是否考虑向欧盟地区扩张？

B：我们目前没有这一想法。我们的一些客户在伦敦设有办事处，希望我们也可以在那里提供服务，但迄今为止我们没有考虑这一选择，因为欧盟法律非常多元化，而我们需要处理大量法律文件，因此欧盟对我们来说不是一个理想的市场。我们有客户处理涉及欧盟一家公司机密销售交易中的问题，而这一问题涉及由于尽职调查的目的向美国转移数据。但我们迄今尚未受到这些法律的直接影响，因为我们目前只处理美国 B2B 业务。

五、访谈五（咨询）

A：贵司的客户在数据保护方面的主要担忧是什么？

B：我们发现客户在定位数据时遇到各种问题。例如，一家外国公司在欧盟和美国设有子公司。在搜索过程中，我们必须对系统进行分析并确保数据只能在该国屏幕上查看，但不能进行修改。这是一个非常不理想的解决方案，因为人们可以从屏幕上拍照。然而，现实是必须达成妥协。关于搜索和欧盟数据，我们必须处理员工数据。在这种情况下，美国公司从员工那里获得豁免，这通常不成问题。但是，在欧盟，需要专门的劳工律师。

A：贵司是否遇到过第三方披露的问题？

B：是的，在一些案例中，我们主要是通过法院起诉给予赔偿来解决这个问题。但是，作为第三方，要辩称披露会违反当地法律是很容易的一件事。在法庭上这样辩称可能很有效，但也要取决具体情况。如果你是第三方，你将无法摆脱这个问题。

A：是的，Microsoft 在爱尔兰服务器上披露数据的案件至少已经结束了存储通信的治外法权的争论。是否有其他形式的数据给您的客户带来问题?

B:我们在医学研究中看到与健康数据相关的问题,这些数据难以匿名化处理。在搜索程序期间寻求披露时,法院保护令至关重要。

A:贵司使用云基础架构处理数据吗?

B:我们使用 AWS 和搜索行业的大公司如 EverLaw 或 Logical 的工具进行搜索。但是,我们仔细审查每个提供商。审查包括现场检查,在此期间我们会检查安全和基础设施。审查还包括安全评估和技术测试以及第三方的渗透测试。

A:贵司是否看到客户方面关于数据保护的趋势或变化?

B:大多数客户使用免责条款,这允许他们灵活地对数据保护法律的变化作出反应,以避免并购交易或其他交易。过去几年这种风险在增加。我们还发现,在与绩效或薪酬相关的各种问题上,员工记录的使用率变高了。英国脱离欧盟的决定也引发了变化,可能需要将服务器地点转移到其他欧盟成员国。

A:在欧盟,数据向哪里移动有趋势吗?

B:瑞士通常被视为数据可以轻松转入和转出的国家。由于德国的框架过于严格,因此不太可能将数据移到德国。但是,瑞士的高成本是一个很大的因素。

A:是否有更多使用私有云的趋势,或者您是否看到私有云和公共云的平均分布?

B:使用私有云是趋势,因为它更安全。有许多公共云产品可以使用混合云基础设施,但是这些基础设施一点都不安全。这些工具非常有效,也包括项目管理软件。但是,当这些工具与内部沟通(即 Slack)结合在一起时,不需要的披露的风险会增加。这些工具可能被用来破坏以前安全的系统,这就是为什么许多大公司在使用这些工具时会有顾虑。

A:为什么这些系统的安全性没有得到改善?

B:这些系统大多是由想要以低成本提供服务的年轻新兴企业设计的。这需要使用混合云基础设施。此外,轻松访问和信息安全之间的矛盾仍然难以弥合。我们不建议律师事务所或我们的客户使用这些系统。

A:贵司如何保护自己免受不利的访问?

B:我们基于需求开放访问权限。这有各种各样的案例,如律所加入投资公司后头几年,投资公司向律所提供合并信息,这些信息需要电子文件才能访问。如今,只有该案件的人可以访问它。通常我们的律师不知道该公司处理的其他案件,因为除了他们自己的案件之外,他们无法访问其他案件的文档。

A:斯诺登事件之后有没有变化或回应?

B:有的,特别是《巴拿马文件》(Panama Papers)产生了影响。从那时起,在律师事务所和其他公司,安全性得到了进一步的优先考虑。

A:贵司是否在云中使用标准软件,如 Office 365?

B:我们在云中使用 Office 存储,这允许我们存储符合《健康保险流通与责任法案》要求的数据。Microsoft 在这方面提供了一个很好的解决方案,可以根据数据类型进行调整。但是,我们在远程使用该软件方面存在问题,因为 Microsoft 能在未经我们批准的情况下按照他们的意愿推送更新。这可能会导致我们的安全系统或基础设施出现问题,并可能危及我们系统的完整性。如果没有阻止这种更新的功能,我们不能使用这个系统。

六、访谈六(软件即服务)

A:据我了解,贵司正在提供 SaaS 监控服务,能否解释贵司的业务运营情况?

B:我们是领先的应用程序性能监控提供商。我们既可以在客户的基础设施上提供场内服务,也可以在我们所使用的 AWS 的云端中提供 SaaS 解决方案。我们建议拥有敏感数据的客户(如银行)选择场内服务版本。让我来解释一下它的工作方式:所谓的代理根据客户选择的数据库、服务器、Java 引擎等的服务类型进行监控。然后代理将信息发送给作为处理操作大脑的控制器。在最复杂的版本中,我们可以端到端监控整个基础设施的表现。但是,我们在任何时候都看不到处理的内容。这对我们非常重要,并且它是在系统架构中实现的。我们还在合同上保证,客户不会设计任何应用程序来允许我们访问数据。例如,以电商商店为例。我们通过访问商店的浏览器或购物应用程序监视表现。在这种情况下,我们获得的最个人的数据可能是一个人的 IP 地址,以确定该数据产生的区域。

A:贵司为什么选择 AWS 系统?

B:它是市场上的最大的厂商,提供不同价位、价格合理的综合产品。

A:贵司有没有收集个人数据的产品或分析个人数据的产品?

B:我们目前只有一种尚处于开发中的可能包含最少量个人数据的产品。它是一种日志产品,可以挖掘日志文件进行分析,以便发现问题。但是,在这个过程中,产品收集了日志文件中的 IP 地址以及地理数据。然而,客户端能够将各种信息插入其日志文件中。我们正试图通过在合同中明确声明客户不能这样将个人数据插入日志文件中来防止其发生,并且如果包含个人数据,则客户将对来自这些文件的任何数据承担责任。我们的一些客户依赖自己的场内服务基础设施,在这些情况下,我们受到其技术限制。但是,我们通过签订合同的方式积极反对个人数据访问。在这方面,我们的软件工程师确保我们的软件不允许访问表现数据以外的任何内容。

A:从数据保护的视角出发,贵司是否看到与合同签订方面有关的任何转变?

B:是的,合同中的数据安全条款变得更加明确。通常我们会看到附件形式的列表,其中包含各种各样的情景,这些情景将被定义为数据安全漏洞,因为当一方要求赔偿时,这最终将发挥作用。在美国,风险分配与其说由法律来完成,不如说是通过商业实践来完成,联邦贸易委员会在这方面没有执法或只进行了有限的执法。大多数提供商合同在寻求数据泄露的出路,最终将安全漏洞的无限责任转移给作为服务提供商的我们。我们不想要这种风险,我们也不能承担这种风险,因为这可能会毁掉我们。

我们还看到,从数据泄露转向通过违反保密条款引入基本相同的责任。

违反保密条款没有责任上限,客户会认为违规行为涉及会触发责任条款的机密数据。

我们在这些案例中的重点是明确区分违反保密规定和数据安全违规的行为。这是通过建立一个大型附件来完成的,该附件将包括各种可能的情景与细节,从而可以将风险分为两类,然后我们可以就责任上限达成一致。

A:贵司对欧盟数据保护框架有何看法?

B:我们在英国有一家子公司,负责进行隐私保护审计。我们已经为这些程序制定了一份表格,列出了我们需要考虑的所有步骤和因素。在数据转移时,当我们作为客户参与时,我们主要使用控制者到控制者和控制者到处理者的示范条款。这包含一个详细的剧本,这个剧本包括怎样收集软件和服务,决策制定流程,收集哪些数据以及将数据传送给哪些人和哪些地方的信息。当不清楚某一方是否为控制者或处理者的时候,通常关于服务提供商的分类会出现争论。在这些情况下,我们大多同意处理者协议,因为这两个论点都适用,并且缔约方不想承担控制者的义务。我们的英国子公司已获得我们所有在欧盟子公司的授权书,以签订这些示范条款,这使我们只能与欧盟达成协议。

A:贵司是否探索过使用 BCR 的可能性?

B:是的,我们正在研究这一点。然而,其缺点是成本高。从积极的方面来看,它是一个很好的营销手段,因为它向我们的客户表明我们有一个数据处理框架。我们高管层也对 BCR 的安全方面感兴趣。

我们看到的另一个市场趋势是实现合规所需步骤的不确定性,以及更加关注实际产品的作用。现在大多数软件开发人员专注于在设计中内置的安全相关的产品功能。这也是我们商业客户的需求。

A:当涉及分析大数据时,贵司是否看到任何趋势?

B:是的,有一种使用更多分析的趋势。但是,由于我们的个人服务数据不是必须的,所以我们可以自由地使用大数据和分析工具。

七、访谈七（软件即服务）

A：请描述一下贵司的服务产品。

B：我们提供一个电子搜索平台，使我们的客户能够进行高效和有针对性的搜索过程。客户将数据提供给我们做些准备工作，然后上传到云端，客户可以在云端进行搜索。我们正在争取在接下来的 6 个月内在云端完成准备步骤，如调整格式等，而无须在内部获取数据。我可以推荐 Lothar Deter-man 编写的《数据隐私法实地指南》（*Field Guide to Data Privacy Law book*），该书给出了有关数据保护合规性问题的很好的例子。

A：谢谢，我会查阅的。贵司如何处理数据保护问题？

B：我们遇到了有关数据保护、隐私和机密数据的各种问题。目前我们主要只在美国经营。但是，当我们服务大型国际公司时，我们也会注意与英国和澳大利亚等其他司法管辖区有关的要求。为了探索这些问题，我们最近在澳大利亚开设了一家子公司，并在当地建立了一个本地实例，旨在实现澳大利亚电子搜索的服务。此实例在悉尼的 AWS 系统上运行。使用名为 NewX 的工具，我们可以很快直接获取数据，并将其传输到我们称为 Everlaw 的系统中。迄今为止出现的一些合规性问题涉及澳大利亚国内法律的独特性。为了拥有澳大利亚的域名，我们在那里注册了一家拥有商标的公司。

A：贵司认为在哪些方面数据保护可能对你们的业务影响最大？

B：我们的系统是自我学习的，目前这个过程受到临检人员的阻碍，因为为了实现数据保护我们自己必须重新学习这些系统。这导致工作重复，效率下降。当我们能够跨越不同的实例来混合数据时，准确度会提高。我们还想汇总匿名数据以改善用户体验。我们为跨越司法管辖区的行为寻求数据使用知情同意书。但是，由于数据量和数据类型过于庞大，因此许可可能涉及第三方权利，因此同意书所包含的内容未必足够。

最近在 Microsoft 案中的第二巡回决议至少表明法院将美国国内的立法适用范围扩大到美国之外的地方。这一趋势有利于企业在如何运作方面寻求法律确定性以及在国际贸易中的法律应用。我们架构的设计方式确保我们客户的系统中不保留任何信息,访问只有在通过双向身份认证,即所谓令牌的情况下才被允许。

关于在国外司法管辖区的搜索,我们使用的系统保证数据只在搜索司法管辖区中显示,而不存储在那里。因为没有"持久存储",我们使用这种办法解决版权问题。欧盟数据保护法中的诉讼例外也使我们能够在处理客户诉讼数据时执行我们的业务。

A:在云端处理这些有价值的客户数据的过程中是否会出现任何问题?

B:主要问题与数据的安全性有关。我们的数据共享云端的底层硬件,但有一个加密层可防止其他实例访问数据。

A:贵司怎样看待在合同中规定数据保护和合规风险?

B:我们通常使用合规性检查表来限制我们的风险。然而,转移责任的权力取决于影响力,即哪一方最希望得到合同。无论如何,数据处理基础设施是必须要审查的内容,这就是 AWS 确保其来维护认证和其他文件的原因,以便评估其是否符合安全、数据保护和其他相关法律。

当我们与一些大公司合作时,我们能够利用他们的合同对 AWS 施加影响力,以便为我们的云实例获得更好的价格。AWS 已提供最佳保护,可立即符合大多数重要法律的要求。

我们目前主要关注的是,我们为了云计算的发展需要访问数据,而我们的客户则希望确保访问受限。为了解决我们访问所带来的问题,我们制定了强有力的信息交换协议(protocol)和保密协议(non-disclosure apreement,NDA),以确保我们的团队不会泄露任何信息。作为我们安全战略的一部分,我们执行外部审核测试,并且在关于发生泄露以及通知要求方面,我们也有一个协议。

另一点是需要更新软件。为了提高服务质量并降低风险,我们定期将更新推送云端。如果我们的客户不希望更新,则我们不能再保证系统的安全。我们还将先在美国,然后在欧盟进分批推送更新。当在欧盟的版本发布时,我们已经消除了美国版本中可能出现的一些问题。

A:贵司有防范风险的保险吗?

B:我们有一般责任保险,但未来我们可能会考虑进一步的保险选择。

A:贵司是如何开发自己的软件的? 是否依赖任何第三方软件?

B:我们从零开始编写了我们自己的软件。当然,我们也依赖于我们有许可的其他一些软件,因为我们开发它们没有任何意义。例如,我们购买已经被开发出来的可以翻译或识别语言的语言识别工具。这使我们能够专注于我们的核心业务,即开发最高效可靠的电子搜索工具。

八、访谈八(通信即服务)

A:请向我介绍一下贵司的业务运作。

B:我们是一家云通信提供商,提供广泛的通信工具,如 SMS、网络会议工具、传真和 GLIP——一种类似于 SLACK 的通信工具。

A:贵司的数据在哪里被处理? 在云端还是在内部?

B:一般来说,数据流经我们的云,但我们确实拥有内部自有设备,比如供客户使用的耳机或基于 IP 的语音传输设备。

A:贵司是否也向欧盟客户提供服务?

B:是的,我们目前向英国提供一种产品。我们的生态系统由服务器连接、在内部和端点使用的设备组成。在某个阶段,本地存储也可能发挥作用。

A:贵司如何遵守欧盟数据保护法?

B:对于任何将欧盟的数据转移到美国的情况,我们使用示范条款,它使我们能够为我们的欧盟客户提供来自美国的客户服务。

A:让我们假设下面的场景:贵司的欧盟客户使用你们的沟通工具 GLIMP。其中一名英国员工将消费者数据传达给美国同一家公司的客户代表。这将需要单独的超出合同条款范围的理由。贵司如何确保不会有这样的使用情况？

　　B：这样的使用当然是我们无法完全控制的一个问题。当然，我们的合同将禁止这种数据转移，我们的员工也被告知不要以这种方式使用该工具。但是，我们没有多少权力阻止这种使用。这项职责依赖于我们的缔约方以确保其符合数据保护法律。

　　A：贵司如何看待合同中的责任？

　　B：样板协议始终有利于提供商。在谈判合同时，我们寻找认证、安全条款以及关于隐私的合规承诺。有趣的是，欧盟的数据保护紧紧围绕在保护个人，而美国的数据保护则侧重于行业。

　　A：贵司担心欧盟《通用数据保护条例》的罚款吗？

　　B：条例肯定是一个重要的因素，但我们正在尽力遵守。只有当一方没有采取必要的行动时才会有这些罚款，而我们在尽力遵守。因此，我们没有看到第三方使用我们的服务会给我们带来责任的风险。

　　A：政府访问权限如何影响贵司的业务？

　　B：这当然是我们非常重视的一个问题。我们支持程序清晰的政府要求和适当的保障措施。但是，我们也限制了我们收集的数据量。通常我们只收集元数据而不是通信本身。在我们的聊天功能中，规则是先进先出的，这意味着客户可以设置它想要的最大存储量。一旦最大存储量达到，后发送的消息将被删除，以此类推。

　　我们还禁止某些类型的数据，如健康相关数据。如果他们想要使用这种类型的数据，我们将终止服务，否则服务供应的成本会超过所有收入。如果他们希望遵守《健康保险流通与责任法案》，则必须签订新的合同，包含较高的成本和适当的保障措施。

　　A：贵司的服务器位于哪里？以及贵司使用了哪些服务？

　　B：我们的欧盟服务器位于瑞士和阿姆斯特丹。主要原因是这些地方位于中心位置，有良好的互联网连接和当地法律。

A：贵司认为未来数据保护和您所处的行业面临的最大挑战在哪里？

B：数据保护面临的挑战是要理解并懂得公司使用数据做什么。云技术以及移动设备的发展使得数据处理是怎么进行的，以及什么数据与其他数据集结合了，变得越来越难以理解。大数据和物联网设备可以实现以前看不见的连接和分析，可用于好的和坏的。但是，应由个人决定是否接受这样的处理。

九、访谈九（信息技术安全）

A：贵司在数据安全领域和贵司的业务咨询领域中看到了什么趋势？

B：过去 10 年，我们看到了所谓的"个人角色"被广泛使用。这意味着个人正在使用不同的别名和账户来进行不同的行动，这导致了一定程度的隐私侵蚀。另外，通过更加复杂的，实际上牢不可破的加密技术导致的安全性的改变，已成为通信领域的常态。情报人员跟踪个人，即所谓的阴影，变得越来越困难。因此，将数据用于身份识别的话题是该领域的核心关注点。关于解决这些问题的书，我会推荐《躲在阴影之后》。

A：当涉及云计算时，国际范围上的安全趋势和问题是什么？

B：数据在"分片"之间存储和移动，因为需要存储数据以确保各种数据中心的责任和信息冗余。

A：是否有可能将云数据仅存储在欧盟或者是否有其他因素需要考虑？

B：如果数据仅存储在欧盟，则信息冗余和可用性将受到限制。这是技术和法律需求之间的巨大挑战。

A：从合规角度来看，科技公司面临的主要挑战是什么？

B：主要问题围绕谁、何时、何地。数据归谁所有对于选择正确的法律很重要。然后是法律本身的对事管辖权问题。在美国，各州的法律差别很大。大多数客户将数据分为欧盟和非欧盟客户数据。即使是美国的数据，也经常在美国以外被复制，例如当人旅行时服务器会注意到这一点，并将整个账户转移到该地区以便快速访问。

十、访谈十（软件即服务）

A：请快速描述贵公司以及所提供的服务。

B:我们是一家 SaaS 提供商,在云端提供客户成功平台。你知道客户成功是什么吗?

A:不知道,请您解释一下。

B:它与客户支持类似,但客户支持是被动的,而我们的服务是主动的。它监视客户变量并确定公司应该接近哪些客户。我们试图影响三个主要领域。其中包括客户续订和保留率、向上销售或交叉销售服务以及客户倡导者的识别,客户可以使用它来进行推荐或其他促销活动。

过去 5 年来,我们一直在开发我们的系统,确定当前使用的工具是最基本的,并且没有使用现有的技术来改善客户体验。我们的软件由一个仪表板组成,它允许客户进行广泛的分析。该软件被插入到各种数据孤岛中,并从诸如 salesforce、billing、CRM 等广泛的应用程序中提取其信息。它将这些数据组合成一个应用程序进行分析,并提供 360 度视图,可用于预测技术。

A:所以我假定贵司也处理了很多个人数据? 这些数据是存储在本地还是在云端复制和处理?

B:是的,我们处理各种形式的数据,包括账单记录、访问数据等,这些数据都以某种形式或其他形式包含个人数据。数据从这些数据孤岛中传输到我们云端的软件进行处理。我们与大多数云企业一样使用 AWS 进行工作。

A:贵司的产品目前是否仅限美国市场,或者贵司是否正在处理欧盟数据或想进入欧盟市场?

B:我们目前拥有大约 20 家美国大型企业客户,并刚刚与一家德国客户签约。

A:贵司在遵守欧盟数据保护法律时考虑了哪些措施?

B:匿名化可以成为我们的解决方案,因为我们能够在不知道客户是谁的情况下处理数据。当然,一旦我们识别出某个客户采取了某种行动,我们的客户就能够确定这个人是谁。但是,这和我们的处理并不相关。

十一、访谈十一（咨询与软件即服务发展）

A:贵司的客户有多少业务在云端？

B:约有90%的业务在云端，其中60%到70%的B2B和20%到30%的B2C。

A:小公司和大公司有哪些不同？

B:《健康保险流通与责任法案》和SSD方面的合规成本很高。这对小型新兴企业的影响比大型企业更大。特别是设置成本对于这些小公司是一个重要因素。这是云端提供最多益处的地方。现在有一家新兴公司处理不同环境下的安全问题。例如，移动设备、云服务器和笔记本电脑在不同环境中运行同一操作。名为Vault的新软件允许在所有设备上使用相同的环境，从而通过安全测试并符合《健康保险流通与责任法案》等法律的合规性。它显著降低了确保各种设备上的流程完整性和安全性的成本。

网飞公司因为公开已匿名化的数据以改善其服务而陷入困境。然而，这些数据还是可以通过复杂的系统追溯到个人。葛兰素史克公司还启动了一项计划，使用iWatch数据进行关节炎研究。这显示了对数据的需求，但风险和合规性要求往往不清楚。

在数据分割方面，工程师有责任确保适当地执行此操作。通常工程师不会让客户使用Android设备，如salesforce不允许这样做，因为Android软件是开源的，而且非常不安全。

A:贵司对于云操作的要求是什么？

B:云安全非常重要：主要风险之一是劫持云账户，因为它允许对方访问几乎所有的系统，除非这些系统被关闭。必须使用SSH和VPN。双因素认证是业界用来确保登录安全的标准。一个凭证是持久的，另一个凭证是变化的。此外，数据库不再是下拉数据库，因为数据库要被编码并且只允许复制某些信息。定期安全审计，包括PIA在内，也是符合标准的。

我们的客户包括联邦调查局，我们处理有关十大通缉犯的数据，这意味

着如果这些数据泄露,会影响国家安全。我们已经在私有云中租用了大约
80 台 AWS 服务器。

目前我们还有一个专注于动物健康的欧盟项目,我们设计了一个电子
数据收集和分析的研究平台。这项研究将使欧盟能够应对各个领域特别是
卫生部门的挑战。通过第一个平台可以获得经验并改进系统,最终有望支
持人类健康数据的处理和疾病预防和治疗方面的研究。

数据的记录质量也很重要。核心在于一般数据与能够满足请求的数据
之间的区别。没有高质量的数据,就无法实现满足请求(如提供某一具体结
果)这种核心任务。

参考文献

一、书籍、期刊和网络资源

All weblinks have been checked on February 28, 2017. *Additional references to specific topics are cited in the footnotes.*

Altman Micah and Rogerson Kenneth, Open Research Questions on Information and Technology in Global and Domestic Politics Political Science and Policy 41 (2008) 835

Amazon Inc. , Amazon EC2 Preise, < https://aws. amazon. com/de/ec2/pricing/ >

American Civil Liberties Union, ACLU USA Freedom Act, < https://www. aclu. org/other/usa-freedom-act-talking-points >

American Civil Liberties Union, American Civil Liberties Union Foundation, New York Civil Liberties Union, New York Civil Liberties Union Foundation v James R Clapper, in his official capacity as Director of National Intelligence, Michael S Rogers, in his official capacity as Director of the National Security Agency and Chief of the Central Security Service, Ashton B Carter, in his official capacity as Secretary of Defense, Loretta E Lynch, in her official capacity as Attorney General of the United States, and James B Comey, in his official capacity as Director of the Federal Bureau of Investigation No 14-42 (2015)

Baldwin Robert and Cave Martin E. , Understanding Regulation: Theory, Strategy, and Practice, Oxford 1999

Balebako Rebecca, Leon Pedro G. , Almuhimedi Hazim, Kelly Patrick Gage, Mugan Jonathan, Acquisti Alessandro, Cranor Lorrie Faith, Sadeh Norman, Nudging Users Towards Privacy on Mobile Devices, 2011, < http://ceur-ws. org/vol-722/paper6. pdf >

Barroso Luiz André, Clidaras Jimmy, Hölzle Urs, The Datacenter as a Computer, in: Hill Mark D. (ed.), Synthesis Lectures on Computer Architecture, San Rafael 2013, 1

Beardwood John and Bowman Mark, Cybersecurity Evolves? Understanding what Constitutes Reasonable and Appropriate Privacy Safeguards Post-Ashley Madison, CRi 6/2016, 171

Belser Eva Maria, Zur rechtlichen Tragweite des Grundrechts auf Datenschutz: Missbrauchsschutz oder Schutz der informationellen Selbstbestimmung, in: Epiney Astrid, Fasnacht Tobias, Blaser Gaetan (eds.), Instrumente zur Umsetzung des Rechts auf informationelle Selbstbestimmung, Zurich 2013, 19

Benkler Yochai, The Penguin and the Leviathan: How Cooperation triumphs over Self-Interest, New York 2011

Best Richard A. and Cumming Alfred, Open Source Intelligence (OSINT): Issues for Congress, Congressional Research Service, 7 < https://goo. gl/ pNAU4F >

BeVier Lillian R., Information about Individuals in the Hands of Government: Some Reflections on Mechanisms for Privacy Protection, William and Mary Bill of Rights Journal 4 (1995) 455

Blume Peter, An Alternative Model for Data Protection Law: Changing the Roles of Controller and Processor, International Data Privacy Law 5 (2015) 292

Bolliger Christian, Feraud Marius, Epiney Astrid, Hänni Julia, Evaluation des Bundesgesetzes über den Datenschutz, Schlussbericht, 10 März 2011, 29, < https://www. bj. admin. ch/dam/data/bj/sal-d. pdf >

Borgesius Frederik J. Zuiderveen, Singling Out People Without Knowing Their Names Behavioural Targeting, Pseudonymous data, and the new Data Protection Regulation, Computer Law & Security Review (CLSR) 32 (2016), 256

Borking John J. and Raab Charles D., Laws, PETs and Other Technologies for Privacy Protection, 1 The Journal of Information, Law and Technology (JILT) 2001, 1

Burkert Herbert, Privacy Data Protection. A German/European Perspective, in: Engel Christoph and Keller Kenneth H. (eds), Governance of Global Networks in the Light of Differing Local Values, Baden-Baden 2000, 44

Caulfield Tim, California Data Center Space There Are Better Options!

（Antara Group, 2016） < https://goo. gl/uH2NTO >

Choi Jay Pil, Fershtman Chaim, Gandal Neil, Network Security: Vulnera-bilities and Disclosure Policy, Journal of Industrial Economy 58 (2010), 869

Cisco White Paper, IoT System Security: Mitigate Risk, Simplify Compli-ance, and Build Trust, 2015, < http://www. cisco. com/c/dam/en/us/prod-ucts/collateral/se/internet-of-things/iot-system-security-wp. pdf >

Cloud Security Alliance, Top Ten Big Data Security and Privacy Challenges, 2012

Council of Europe, Cloud Computing and Its Implications on Data Protection 2010, < https://rm. coe. int/CoERMPublicCommonSearchServices/DisplayDCT-MContent? documentId = 09000016802fa3de >

Danezis George, Domingo-Ferrer Josep, Hansen Marit, Hoepman Jaap-Henk, Le Métayer Daniel, Tirtea Rodica, Schiffne Stefan, Privacy and Data Protection by Design from Policy to Engineering, ENISA (European Union Agen-cy for Network and Information Security) (2014)

De Hert Paul and Papakonstantinou Vagelis, Three Scenarios for Internation-al Governance of Data Privacy: Towards an International Data Privacy Organiza-tion, Preferably a UN Agency? Journal of Law and Policy 9:2 (2013), 271

De Montjoye Yves-Alexandre, Radaelli Laura, Singh Vivek Kumar, Pent-land Alex "Sandy", Unique in the Shopping Mall: On the Reidentifiability of Credit Card Metadata, Science 347 (2015), 536

Drake William J. and Kalypso Nicolaïdis, Global Electronic Commerce and GATS: The "Millennium Road and Beyond", in: GATS 2000: New directions in Service Trade Liberalization, Sauvé Pierre and Stern Robert M. (eds.) The Brookings Institute Press Washington DC 2000, 399

Durden Tyler, CISA Is NowThe Law: How Congress Quietly Passed The Second Patriot Act, Zero Hedge 2015, < https://goo. gl/1u0J73 >

Ernst & Young, Report on Cybersecurity and the Internet of Things (2015), < http://www. ey. com/Publication/vwLUAssets/EY-cybersecurityand-the-internet-of-things/ $ FILE/EY-cybersecurity-and-the-internet-ofthings. pdf >

European Cloud Partnership Steering Board, European Cloud Partnership (2014), < https://ec. europa. eu/digital-single-market/en/europeancloudpartnership >

European Commission, Why We Need a Digital Single Market, Factsheet (2015)

European Union Agency for Network and Information Security (ENISA), Privacy and Data Protection by Design (January 2015), < https://www. enisa. europa. eu/publications/privacy-and-data-protectionby-design/at download/fullReport >

European Union Agency for Network and Information Security 2014, < https://goo. gl/cUjwJ0 >

Executive Office of the President, Big Data: A Report on Algorithmic Systems, Opportunity, and Civil Rights(May 2016), < https://www. whitehouse. gov/sites/default/files/microsites/ostp/2016_0504_data_discrimination. pdf >

Executive Office of the President, Big Data: Seizing Opportunities, Preserving Values (2014), < https://obamawhitehouse. archives. gov/sites/default/files/docs/20150204_Big_Data_Seizing_Opportunities_Preserving_Values_Memo. pdf >

Federal Chief Information Officers Council, Chief Acquisition Officers Council & Fed. Cloud Compliance Comm. , Creating Effective Cloud Computing Contracts for the Federal Government: Best Practices for Acquiring it as a Service (2012), < https://cio. gov/wp-content/uploaA/ downloads/2012/09/cloud-bestpractices. pdf >

Federal Trade Commission, Building Security in the Internet of Things (2015), < https://www. ftc. gov/system/files/documents/plain-language/pdf0199-carefulconnections-buildingsecurityinternetofthings. pdf >

Fife Elizabeth and Orjuela Juan, The Privacy Calculus: Mobile Apps and User Perceptions of Privacy and Security, International Journal of Engineering Business Management 4 (2012), 1

Financial Markets Law Committee, Discussion of Legal Uncertainties Arising in the Area of EU Data Protection Reforms (2014)

Galetta Antonella and Kloza Dariusz, Cooperation Among Data Privacy Supervisory Authorities: Lessons from Parallel European Mechanisms, Jusletter IT of February 25, 2016

Gartner Press Release, Gartner Says 6. 4 Billion connected Things will be in Use in 2016, Up 30 Percent from 2015 (November 2015), < http://www. gartner. com/newsroom/id/3165317 >

Gasser Urs, Cloud Innovation and the Law: Issues, Approaches, and Interplay, Berkman Center Research Publication No. 2014-7, 2014, < http://papers. ssrn. com/abstract = 2410271 >

Gasser Urs, Perspectives on the Future of Digital Privacy, Zeitschrift für schweizerisches Recht 134 (2015), 339

Greenleaf Graham, The TPP & Other Free Trade Agreements: Faustian Bargains for Privacy, UNSW Law Research Paper No 2016-08 < https://goo. gl/yWxqdO >

Grimmelmann James, The Law and Ethics of Experiments on Social Media Users, Colo. Tech. L. J. 13 (2015), 219

Gutwirth Serge and Poullet Yves, the contribution of the Article 29 Working Party to the construction of a harmonised European data proand Asinari Pérez María Verónica (eds), Défis du Droità la Protection de la Vie Privée. Challenges of Privacy and Data Protection Law, Bruylant, 2008, 570

Gwarzo Zahraddeen, Security and Privacy Issues in Internet of Things, in: Jusletter IT of February 25, 2016

Härting Niko, Datenschutz-Grund-Verordnung, Köln 2016

Heywood Debbie, Obligations on Data Processors under the GDPR < https://www. taylorwessing. com/globaldatahub/article-obligations-ondata-processors-under-gdpr. html >

Hon W Kuan, Millard Christopher, Walden Ian, Negotiating Cloud Contracts: Looking at Clouds from both Sides Now, Stanford Technology Law Review (STLR) 16 (2012), 79

Hon W Kuan, Millard Christopher, Walden Ian, Who is Responsible for Personal Data in Clouds? in Millard Christopher (ed), Cloud Computing Law, Oxford 2013, 208

Hoover Nicholas, Compliance in the Ether: Cloud Computing, Data Security and Business Regulation, Journal of Business & Technology Law 8 (2013), 255

Huawei White Paper, Connectivity Index 2016, < http://www. huawei. com/

minisite/gci/pdfs/Global_Connectivity_Index_2016_whitepaper. pdf >

Internet Society, Internet Society, The Internet of Things: an Overview (2015), < https://www. internetsociety. org/sites/default/files/ISOC-IoTOverview-20151014_0. pdf >

Irion Kristina, Yakovleva Svetlana, Bartl Marija, Trade and Privacy: Complicated Bedfellows, Independent Study Commissioned by BEUC et. al. , published July 13, 2016, Amsterdam, Institute for Information Law

Kaye Jane, Whitley Edgar A, Lund David, Morrison Michael, Teare Harriet, Melham Karen, Dynamic Consent: A Patient Interface for TwentyFirst Century Research Networks, Eur. J. Hum. Gen. 23 (2014), 141

Khoo Benjamin, RFID as an Enabler of the Internet of Things: Issues of Security and Privacy, 2011 International Conference on Internet of Things and 4th International Conference on Cyber, Physical and Social Computing 2011, 709, < http://ieeexplore. ieee. org/stamp/stamp. jsp? arnumber = 6142169 >

Kuner Christopher, Transborder Data Flows and Data Privacy Law, Oxford 2013

Kurzweil Martin and Wu D. Derek, Building a Pathway to Student Success at Georgia State University, Ithaka S&R, < http://www. sr. ithaka. org/publications/building-a-pathway-to-studentsuccess-at-georgia-state-university/ >

Landau Susan, Surveillance or Security, Cambridge MA 2011

Manadhata Pratyusa K. and Wing Jeannette M. , An Attack Surface Metric, in: IEEE Transactions on Software Engineering (2010), 371-386

Manyika James, Chui Michael, Brown Brad, Bughin Jacques, Dobbs Richard, Roxburgh Charles, Byers Angela Hung, Big Data: The Next Frontier for Innovation, Competition, and Productivity (2011), < https://goo. gl/TqzVNA >

Marcus Jon, Colleges Use Data to Predict Grades and Graduation, The Hechinger Report December 10, 2014 < http://hechingerreport. org/like-retailers-tracking-trends-colleges-use-data-predict-grades-graduations/ >

Mayer-Schönberger Viktor, The Shape of Governance: Analyzing the World of Internet Regulation, Virginia Journal of International Law 4 (2002), 612

McAdams James G. , Foreign Intelligence Surveillance Act: An Overview, Federal Law Enforcement Training Centers (2009), < https://goo. gl/aqcWo7 >

McAfee Labs, 2016 Threat Predictions, 2015

Microsoft Inc. , Law Enforcement Request Report, Microsoft 2016, < ht-tps://goo. gl/XWa7mh >

National Institute of Standards and Technology, The NIST Definition of Cloud Computing, NIST Special Publication 800-145, 5 < https://goo. gl/uWJhJU >

Nissenbaum Helen, Privacy in Context, Stanford 2009

Office of the Australian Information Commissioner, Data Breach Notification A Guide to Handling Personal Information Security Breaches, < https://www. oaic. gov. au/agencies-and-organisations/guides/databreach-notification-a-guide-to-handling-personal-information-securitybreaches >

Office of the President, Big Data and Privacy: A Technological Perspective (2014), < https://www. whitehouse. gov/sites/default/files/microsites/ostp/PCAST/pcast_big_data_and_privacy_-_may_2014. pdf >

Ohm Paul, Broken Promises of Privacy: Responding to the Surprising Failure of Anonymization, UCLA Law Review 57 (2010) 1701

Peng Shin-yi, Digitalization of Services, the GATS and the Protection of Personal Data, in: Sethe Rolf et al. (Hrsg.), Kommunikation, Festschrift für Rolf H. Weber, Bern 2011, 753

Research Group on the Law of Digital Services, 'Research Group on the Law of Digital Services: Discussion Draft of a Directive on Online Intermediary Platforms, Journal of European Consumer and Market Law 2016, 164

Richards Neil M. , The Limits of Tort, Privacy Journal on Telecommunication and High Technology Law 9 (2011), 357

Rubinstein Ira, Privacy and Regulatory Innovation: Moving beyond Voluntary Codes, Journal of Law and Policy for the Information Society 6 (2011), 355

Ruiz Rebecca R. and Lohr Steve, F. C. C. Approves Net Neutrality Rules, Classifying Broadband Internet Service as a Utility, New York Times (26 February 2015), < http://www. nytimes. com/2015/02/27/technology/netneutrality-fcc-vote-Internet-utility. html? _r = 0 >

Russell Brad, Data Security Threats to the Internet of Things (2015), < ht-tps://www. parksassociates. com/blog/article/data-security-threats-tothe-internet-of-5things >

Savage Charlie, Reagan-Era Order on Surveillance Violates Rights, Says Departing Aide, New York Times (2014), < https://goo. gl/22ErTL >

Schwartz Paul M. , Data Processing and Government Administration: The Failure of the American Legal Response to the Computer, Hastings Law Journal 43 (1992) 1321

Schwartz Paul M. , Privacy and Participation: Personal Information and Public Sector Regulation in the United States, Iowa Law Review 80 (1995) 553

Schwartz Paul M. and Solove Daniel, The PII Problem: Privacy and a New Concept of Personally Identifiable Information, NYU Law Review 86 (2011) 1814

Shackelford Scott, Raymond Anjanette, Balakrishnan Rakshana, Dixit Prakhar, Gjonaj Julianna, Kavi Rachith, When Toasters Attack: A Polycentric Approach to Enhancing the Security of Things, Kelley School of Business Research Paper No. 16-6, January 2016

Shaffer Gregory, Globalization and Social Protection: The Impact of EU and International Rules in the Ratcheting Up of US Privacy Standards, 25 Yale Journal of International Law (2000), 1

Siddiqui Sabrina, Congress Passes NSA Surveillance Reform in Vindication for Snowden, The Guardian (June 3, 2015), < https://goo. gl/IzXga1 >

Smith Megan, Patil DJ and Muñoz Cecilia, Big Risks, Big Opportunities: the Intersection of Big Data and Civil Rights, White House (2016), < https:// www. whitehouse. gov/blog/2016/05/04/big-risks-big-opportunities-intersection-big-data-and-civil-rights >

Staiger Dominic N. , Data Protection Compliance in the Cloud, Zürich 2017 (forthcoming)

Staiger Dominic N. , Die Zukunft des Datenschutzes in einer globalisierten Welt, in Grosz, Mirina und Grünewald, Seraina (eds.), Recht und Wandel, Festschrift für Rolf H. Weber, Zürich 2016, 147

Stone Peter and others, Artificial Intelligence and Life in 2030, One Hundred Year Study on Artificial Intelligence (2016), < https://goo. gl/kSR14G >

Svantesson Dan and Clarke Roger, Privacy and Consumer Risks in Cloud Computing, Privacy Consumer Risks Journal 26 (2010), 391

Swire Peter, Markets, Self-Regulation and Government Enforcement in the Protection of Personal Information, in: Privacy and Self-regulation in the Information Age by the U. S. Department of Commerce (August 15, 1997), < http://papers. ssrn. com/abstract = 11472 >

Symantec White Paper, Insecurity in the Internet of Things (March 2015), < https://www. symantec. com/content/dam/symantec/docs/white-papers/insecurity-in-the-internet-of-things. pdf >

Taxi Trip Data, Blog 2014 < https://www. chriswhong. com/open-data/foil_nyc_taxi > .

Thaler Richard and Sunstein Cass, Nudge: Improving Decisions About Health, Wealth and Happiness, New York 2009

The White House, Making Open and Machine Readable the New Default for Government Information 2013, < https://obamawhitehouse. archives. gov/the-press-office/2013/05/09/executive-order-making-openand-machine-readable-new-default-government- >

Thierer Adam D. , A Framework for Benefit-Cost Analysis in Digital Privacy Debates, George Mason Law Review 20/4 (2013), 1055

Thierer Adam D. , The Pursuit of Privacy in a World Where Information Control is Failing, Harvard Journal of Law and Public Policy 36/2 (2013), 411

Timm Trevor, When can the FBI use National Security Letters to Spy on < https://goo. gl/XkpzAY >

Turner Michael A. , Walker Patrick D. , Chaudhuri Sukanya, Varghese Robin, A New Pathway to Financial Inclusion: Alternative Data, Credit Building, and Responsible Lending in the Wake of the Great Recession, Policy and Economic Research Council (2012) < http://www. perc. net/wpcontent/uploads/2013/09/WEB-file-ADI5-layout1. pdf >

United Nations Conference on Trade and Development, Data Protection Frameworks must be Compatible with International Data Flows for Developing Countries to Benefit from the Global Digital Economy, 2016 < http://unctad. org/en/pages/newsdetails. aspx? OriginalVersionID = 1237 >

U. S. White House, Administration Discussion Draft: Consumer Privacy Bill of Rights Act of 2015, Sec. 104(a), < https://www. whitehouse. gov/sites/default/files/omb/legislative/letters/cpbr-act-of-2015-discussion-draft. pdf >

Vayena Effy, Gasser Urs, Wood Alexandra. Altman Micah, Elements of a New Ethical Framework for Big Data Research, Wash. & Lee L. Rev. Online 72 (2016) 420

Verizon Report, 2015 Data Investigations Report, < http://www. verizonenterprise. com/DBIR/2015/ >

Walters Chris, Facebook's New Terms of Service: "We can do Anything we Want with Your Data. Forever", Consumerist 2009, < https://goo. gl/F8sIUY >

Warren Samuel and Brandeis Louis, The Right to Privacy, Harvard Law Review 4 (1890), 193

Watson Sara M. , Ask the Decoder: Did I Sign Up for a Global Sleep Study, Al Jazeera America (October 29, 2014), < http://america. aljazeera. com/articles/2014/10/29/sleep-study. html >

Weber Rolf H. and Staiger Dominic N. , Datenschutz-Managementsysteme in der der Cloud, in Weber Rolf H. und Thouvenin Florent (Hrsg.) Datenschutz-Managementsysteme im Aufwind, Zürich 2016, 169-190

Weber Rolf H. and Staiger Dominic N. , Datenüberwachung in der Schweiz und den USA, Jusletter of November 25, 2013

Weber Rolf H. and Staiger Dominic N. , Legal Challenges of Trans-border Data Flow in the Cloud, Jusletter-IT of May 15, 2013

Weber Rolf H. and Staiger Dominic N. , Privacy and Security in the Fight Against Terrorism, Cyber Security Law & Practice 2 (2016), 2

Weber Rolf H. and Studer Evelyne, Cybersecurity in the Internet of Things: Legal Aspects, Computer Law & Security Review 32/5 (2016), 715

Weber Rolf H. , Big Data: Sprengkörper des Datenschutzrechts? Weblaw Jusletter IT of December 11, 2013

Weber Rolf H. , Competitiveness and Innovation in the Digital Single Market, European Cybersecurity Journal 2/1(2016), 72

Weber Rolf H. ,Datenschutzrecht vor neuen Herausforderungen, Zürich 2000

Weber Rolf H. , How does Privacy Change in the Age of the Internet, in: Fuchs Christian, Boersma Kees, Albrechtslund Anders, Sandoval Marisol (eds.), Internet and Surveillance: The Challenges of Web 2.0 and Social

Media, New York 2012, 283

Weber Rolf H., Internationale Trends bei Datenschutz-Managementsystemen, in: Weber Rolf H. und Thouvenin Florent (Hrsg.), Datenschutz-Managementsysteme im Aufwind, Zürich 2016, 31

Weber Rolf H., Internet of things: Privacy issues revisited, Computer Law and Security Review 31 (2015), 618

Weber Rolf H., Legal Interoperability as a Tool for Combatting Fragmentation, Centre for International Governance Innovation and the Royal Institute of International Affairs, 2014

Weber Rolf H., Regulatory Autonomy and Privacy Standards under the GATS, AJWH 7 (2012), 26

Weber Rolf H., Synchronisierung von Technologie und Regulierung zur Schaffung sachgerechter Datenschutzstandards, in: Boehme-Nessler Volker und Rehbinder Manfred, Big Data: Ende des Datenschutzes, Bern 2017, 55

Werkmeister Christoph and Brandt Elena, Datenschutzrechtliche Herausforderungen für Big Data, Computer und Recht 2016, 233

Wespi Andreas, Big Data: Technische Perspektive, in: Weber Rolf H. und Thouvenin Florent (Hrsg.) Big Data und Datenschutz Gegenseitige Herausforderungen, Zürich 2014, 3

White House Office of the Press Secretary, Remarks by the President on Review of Signals Intelligence 2014, < https://goo. gl/1oOShX >

Wicker Magda, Vertragstypologische Einordnung von Cloud ComputingVerträgen, Multimedia und Recht 2012, 783

Willis Lauren E., When Nudge Fail: Slippery Defaults, University of Chicago Law Review 80 (2013), 1155

Wunsch-Vincent Sacha, Trade Rules for the Digital Age, in: Panizzon Marion, Pohl Nicole and Sauvé Pierre (eds), GATS and the Regulation of International Trade in Services, Cambridge 2008, 497

Yakovleva Svetlana and Irion Kristina, The Best of Both Worlds? Free Trade in Service, and EU Law on Privacy and Data Protection, Amsterdam Law School Legal Studies Paper No. 2016-65

Yuhas Alan, NSA Reform: USA Freedom Act Passes First Surveillance Re-

form in Decade as It Happened, The Guardian (June 2nd 2015), < https://
goo. gl/KKWlL7 >

二、法律法规

Americans with Disabilities Act, Pub. L. 101-336, 42 U. S. C. § 12101

California Online Privacy Protection Act of 2003, Cal. Bus. & Prof. Code
§ § 22575-22579

Charter of Fundamental Rights of the European Union C 326/02, OJ C 326,
26. 10. 2012, p. 391-407

Council Directive 93/13/EEC of 5 April 1993 on Unfair Terms in Consumer
Contracts, OJ L 095, 21. 04. 1993, p. 29-34

Directive 2000/31 of the European Parliament and of the Council of 8 June
2000 on Certain Legal Aspects of Information Society Services, in Particular Elec-
tronic Commerce, in the Internal Market (Directive on Electronic Commerce),
OJ L 178, 17. 7. 2000, p. 1-16

Directive 2002/58/EC of the European Parliament and of the Council of 12
July 2002 concerning the Processing of Personal Data and the Protection of Priva-
cy in the Electronic Communications Sector (Directive on Privacy and Electronic
Communications) OJ L 201, 31. 7. 2002, p. 37-47

Directive 2011/83/EU of the European Parliament and of the Council of 25
October 2011 on Consumer Rights, amending Council Directive 93/13/EEC and
Directive 1999/44/EC of the European Parliament and of the Council and repea-
ling Council Directive 85/577/EEC and Directive 97/7/EC of the European Par-
liament and of the Council Text with EEA Relevance, OJ L 304, 22. 11. 2011,
p. 64-88

Electronic Communications Privacy Act, Pub. L. 99 508, 18 U. S. C. § 2510
Foreign Intelligence Surveillance Act, Pub. L. 114-38, 50 U. S. C § 36. Freedom
of Information Act (FOIA), Pub. L. 89-487, 5 U. S. C. § 552 Gramm-Leach-Bli-
ley Act, Pub. L. No. 106-102, 113 Stat. 338

Health Insurance Portability and Accountability Act of 1996, Pub. L. 104
191, 110 Stat. 1936

Pen Register Act, Pub. L. 114-38, 18 U. S. C. § § 1321 1327 Privacy
Act, Pub. L. 93-579, 5 U. S. C. § 552a

Proposal for a Regulation of the European Parliament and of the Council concerning the Respect for Private Life and Personal Data in Electronic Communications and Repealing Directive 2002/58/EC (Privacy and Electronic Communications Regulation)

Regulation on the Protection of Natural Persons with regard to the Processing of Personal Data and on the Free Movement of such Data, and Repealing Directive 95/46/EC (General Data Protection Regulation) Regulation (EU) 2016/679, OJ L 119, 27. 04. 2016, p. 1-88

Sarbanes Oxley Act, Pub. L. No. 107-204, 116 Stat. 745

Stored Communications Act, Pub. L. 114-38, 18 U. S. C. § 2701

Uniting and Strengthening America by Providing Appropriate Tools Required to Intercept and Obstruct Terrorism (USA Patriot Act) Act of 2001, Pub. L. 107-56

USA Freedom Act of 2015, H. R. 2048 Wiretap Act, Pub. L. 114-38, U. S. C. § § 2510 2522

ADA	Americans with Disabilities Act	《美国残疾人法案》
AI	Artificial Intelligence	人工智能
AJWH	Asian Journal for WTO and International Health	世贸组织和国际卫生杂志亚洲版
APEC	Asia-Pacific Economic Cooperation	亚太经合组织
APP	Australian Privacy Principles	澳大利亚隐私原则
AUP	Accepted Use Policies	接受使用政策
AÜG	Gesetz zur Regelung der Arbeitnehmerüberlassung	《临时就业管理法》
AWS	Amazon Web Services	亚马逊网络服务系统
B2B	Business to Business	企业对企业的电子商务（模式）
BAG	Bundesarbeitsgericht	联邦劳工法院
BCR	Binding Corporate Rules	《绑定公司规则》
CaaS	Communication as a Service	沟通即服务
CBPR	Cross Border Privacy Rules	跨境隐私规则
CFEU	Charter of the Fundamental Rights of the European Union	《欧盟基本权利宪章》
CIA	Central Intelligence Agency	中央情报局
CISA	Cybersecurity Information Sharing Act	《网络安全信息共享法案》
CJEU	Court of Justice of the European Union	欧盟法院
CLSR	Computer Law & Security Review	计算机法与安全审查
Colo. Tech. L. J.	Colorado Technology Law Journal	科罗拉多技术法杂志
CPO	Chief Privacy Officer	首席隐私官
CRi	Computer Law Review International	计算机法研究国际
DII	Demographically Identifiable Information	人口统计学可识别信息

DoS	Denial of Service	拒绝服务
DPA	Data Protection Authority	数据保护局
DPD	Data Protection Directive	《数据保护指令》
DPIA	Data Protection Impact Assessments	数据保护影响评估
DPMS	Data Protection Management Systems	数据保护管理系统
DPO	Data Protection Officer	数据保护官员
DSG	Bundesgesetz über den Datenschutz	关于数据保护的联邦法律
ECHR	European Convention on Human Rights	《欧洲人权公约》
ECPA	Electronic Communications Privacy Act	《电子通信隐私法案》
EDPB	European Data Protection Board	欧洲数据保护委员会
EEA	European Economic Area	欧洲经济区
EIOD	European Investigations Order Directive	欧洲调查令指令
ENISA	European Union Agency for Network and Information Security	欧盟网络和信息安全局
EPD	E-Privacy Directive	《电子隐私指令》
Eur. J. Hum. Gen.	European Journal of Human Genetics	欧洲人类遗传学杂志
FBI	Federal Bureau of Investigation	联邦调查局
FCRA	Fair Credit Reporting Act	《公平信用报告法》
FINMA	Swiss Financial Markets Supervisory Authority	瑞士金融市场监管局
FIPP	Fair Information Practice Principles	公平信息实践原则
FOI	Freedom of Information	信息自由
FTC	Federal Trade Commission	联邦贸易委员会
GATS	General Agreement on Trade in Services	《服务贸易总协定》
GDFS	Global Distributed Files System	全球分布式文件系统
GDPR	General Data Protection Regulation	《一般数据保护条例》
HIPAA	Health Insurance Portability and Accountability Act	《健康保险流通与责任法案》
IaaS	Infrastructure as a Service	基础架构即服务
ICCPR	International Covenant on Civil and Political Rights	公民权利和政治权利国际公约
IoT	Internet of Things	物联网

续表

IP	Intellectual Property	知识产权
ISDS	Investor-State Dispute Settlement	投资者国家争端解决
ISM	Australian Government Information Security Manual	澳大利亚政府信息安全手册
ISO	International Organization for Standardization	国际标准化组织
ISP	Internet Service Provider	互联网服务提供商
IT	Information Technology	信息技术
ITA	International Trade Agreements	国际贸易协定
JHA	Justice and Home Affairs Council	司法和民政事务委员会
JILT	Journal of Information Law and Technology	信息法与技术期刊
NAS	Network Attached Storage	网络附加存储
NIST	National Institute of Standards and Technology	美国国家标准与技术研究院
NSA	National Security Agency	美国国家安全局
NYU	New York University	纽约大学
ORF	Österreichischer Rundfunk	奥地利广播公司
OTT	Over-the-Top	奥特
PaaS	Platform as a Service	平台即服务
PbD	Privacy by Design	隐私设计
PCLOB	Privacy and Civil Liberties Oversight Board	隐私和公民自由监督委员会
PECR	Privacy and Electronic Communication Regulation	《隐私和电子通信法规》
PET	Privacy Enhancing Technologies	隐私增强技术
PRA	Pen Register Act	《笔录法》
PSPF	Protective Security Policy Framework	保护安全政策框架
RAM	Random Access Memory	随机存取存储器
SaaS	Software as a Service	软件即服务
SCA	Stored Communication Act	《存储通信法案》
SEC	Securities and Exchange Commission	证券交易委员会
SLA	Service Level Agreement	《服务水平协议》
SSL	Secure Sockets Layer	安全链路层
STLR	Stanford Technology Law Review	斯坦福技术法评论

TFEU	Treaty on the Functioning of the European Union	欧盟运作条约
TISA	Trade in Services Agreement	《服务贸易协议》
ToS	Terms of Service	服务条款
TPP	Trans-Pacific Partnership	《跨太平洋伙伴关系》
TTIP	Transatlantic Trade and Investment Partnership	《跨大西洋贸易与投资伙伴关系》
UCLA	University of California Los Angeles	加州大学洛杉矶分校
UDHR	Universal Declaration of Human Rights	《世界人权宣言》
VM	Virtual Machine	虚拟机
VPN	Virtual Private Networks	虚拟专用网络
Wash. & Lee L. Rev.	Washington and Lee Law Review	华盛顿和李法评论
XaaS	X as a Service	一切皆服务
ZIK	Zentrum für Informationsund Kommunikationsrecht an der Universität Zürich	苏黎世大学信息与传播法研究中心
ZSR	Zeitschrift für schweizerisches Recht	瑞士法律杂志

法律法规名称中英对照表

《爱国者法案》	Patriot Act
《安全港协议》	Safe Harbor Agreement
《绑定公司规则》	Binding Corporate Rules
《存储通信法案》	Stored Communication Act
《电子隐私法》	Electronic Privacy Act
《电子隐私指令》	E-Privacy Directive
《服务贸易协议》	Trade in Services Agreement
《服务贸易总协定》	General Agreement on Trade in Services
《格雷姆-利奇法案》	Gramm-Leach-Bliley
《个人信息保护和电子文件法案》	Personal Information Protection and Electronic Documents Act
《工作白皮书》	Working Paper
《公平信用报告法》	Fair Credit Reporting Act
《国外情报监视法》	Foreign Intelligence Surveillance Act
《黑森州隐私保护法案》	Hessian Privacy Protection Act
《机密信息保护和统计效率法案》	Confidential Information Protection and Statistical Efficiency Act
《加利福尼亚州在线隐私保护法》	California Online Privacy Act
《健康保险流通与责任法案》	Health Insurance Portability and Accountability Act
《经济和临床健康信息技术法》	Health Information Technology for Economic and Clinical Health Act
《经济贸易综合协议》	Comprehensive Economic and Trade Agreement
《跨大西洋贸易与投资伙伴关系》	Transatlantic Trade and Investment Partnership
《跨太平洋伙伴关系》	Trans-Pacific Partnership
《美国宪法》	US Constitution
《欧盟基本权利宪章》	Charter of the Fundamental Rights of the European Union
《欧盟宪章》	EU Charter

续表

《欧洲人权公约》	European Convention on Human Rights
《窃听法》	Wiretap Act
《萨班斯-奥克斯利法案》	Sarbanes-Oxley Act
《数据保护法案》	Data Protection Act
《数据保护指令》	Data Protection Directive
《网络安全信息共享法案》	Cybersecurity Information Sharing Act
《一般数据保护条例》	General Data Protection Regulation
《隐私盾协议》	Privacy Shield
《隐私法》	Privacy Act
《云计算法案》	Cloud Computing Act
《自由法案》	Freedom Act